从视觉笔记到方案手绘

白廷义 著

中国纺织出版社有限公司

内 容 提 要

本书以在职方案创作设计师工作方案手绘为出发点，着重培养设计师们用快速、准确、简约和与之适应的技法将其头脑中产生的某种理念、思想、形态，迅速地在图纸上表达出来的能力，并通过这种可视的形象与业主进行视觉交流与沟通。

本书旨在探讨设计思维观念草图的表达，回归问题本质，着重室内设计方案创作思考过程和细节表现，以通俗易懂的语言和精美的手稿去增加书籍的可阅读性，既保证了学术品位，又具有实用价值和现实指导意义。

图书在版编目（CIP）数据

从视觉笔记到方案手绘 / 白廷义著 . -- 北京：中国纺织出版社有限公司，2021.11
ISBN 978-7-5180-8952-9

Ⅰ.①从… Ⅱ.①白… Ⅲ.①室内装饰设计－作品集－中国－现代 Ⅳ.① TU238.2

中国版本图书馆 CIP 数据核字（2021）第 214429 号

责任编辑：宗 静　　特约编辑：渠水清
责任校对：寇晨晨　　责任印制：王艳丽

中国纺织出版社有限公司出版发行
地址：北京市朝阳区百子湾东里 A407 号楼　邮政编码：100124
销售电话：010—67004422　传真：010—87155801
http://www.c-textilep.com
中国纺织出版社天猫旗舰店
官方微博 http://weibo.com/2119887771
北京通天印刷有限责任公司印刷　各地新华书店经销
2021 年 11 月第 1 版第 1 次印刷
开本：787×1092　1/16　印张：9.5
字数：109 千字　定价：88.00 元

前言 PREFACE

　　视觉笔记（方案手绘）是设计师通过眼（观察）、脑（思考）、手（表现）的高度结合，达到"手脑合一"，用图解思考与综合多元的思维方法，表现其设计创意和设计理念。视觉笔记（方案手绘）作为设计的第一语言，既是展示人类设计创意思维的一个魅力舞台，又可能伴随设计师全部的设计生命。本书以在职方案创作设计师工作方案手绘为出发点，着重培养他们用快速、准确、简约和与之适应的技法将其头脑中产生的某种理念、思想、形态，迅速地在图纸上表达出来，通过一种可视的形象与业主进行视觉交流与沟通，最后被业主所认可，为下一步工程设计项目合约的正式签约打下良好的基础。

　　设计创作能力是一个设计师应该具备的基本素质之一，也是各个院校设计专业应该着重培养的。但设计领域的教育不只是培养未来设计师们发现问题的能力，更应该培养其解决问题的能力，这也是设计能否完整、顺利地得到贯彻和执行的关键。设计师能否有效地表达自己的设计思想，并成功地让业主欣赏你的设计作品，事实上，这是一个非常关键的课题。作为一本设计思维观念草图表达的探讨读本，本书回归问题本质，着重室内设计方案创作思考过程和细节表达，以通俗易懂的语言和精美的手稿增加了书籍的可阅读性，既保证了学术品味，又具有实用价值和现实指导意义。

　　本书共有六章：第一章为导论，第二章到第四章为视觉笔记（方案手绘）基础训练，第五章、第六章为视觉笔记（方案手绘）在项目中的应用展示。本书在编写过程中，虽经推敲核正，但限于笔者的专业水平和实践经验，仍难免有疏漏或不妥之处，无法面面俱到，恳请广大读者指正。

白廷义

2021年3月

目 录
CONTENTS

第五章　方案实战——居住空间

第六章　方案实战——公共空间

导 论

第一章

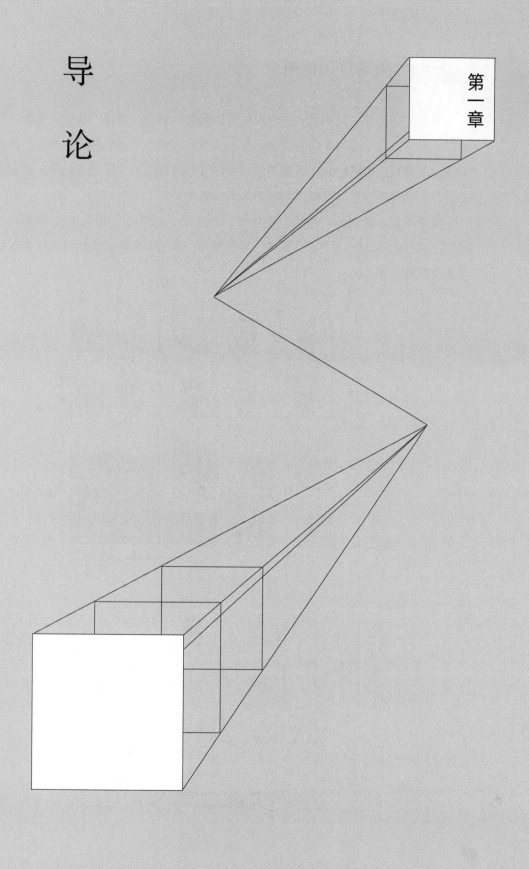

1.1　视觉笔记的概念

视觉笔记就是与文字记录相对应的图形记录，再进一步说，就是用图形、图像与注释文字相结合的方式去记笔记。一些用文字难以描述的情感和关系，通过图形化手段将内容可视化，从而展示出图形或图像背后的文字思考脉络，在阅读的同时，能够唤起对当时的思考与对未来的想象。

视觉笔记一般有三个特点：有图形、有文字、模块化（图1-1）。运用图形与文字结合的方式去记录或积累设计构思素材比单纯的文字或图画对设计构思转化更有成效（图1-2）。

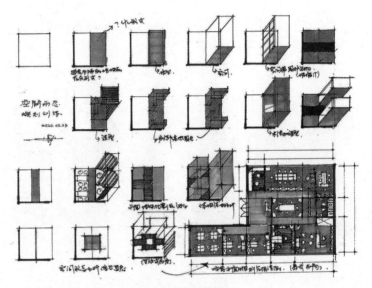

图1-1　视觉笔记范例1

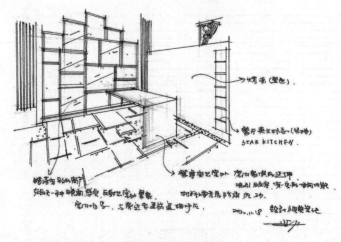

图1-2　视觉笔记范例2

1.2 室内设计师视觉笔记与方案手绘

室内设计师视觉笔记作为室内设计师收集资料、记录设计素材和创作构想的随意性的画面形式，是设计师个人对生活进行观察体验的记录。这种观察体验，还能对室内设计师在项目深化设计时所需要的图形表达提供启迪和条件。这种图文并茂的画面形式有两个重要作用：第一，绘制记录的过程加深了设计师对图形的印象，便于日后回顾当时的想法；第二，该记录将成为设计师未来研究工作的永久性资料，室内设计师视觉笔记的记录形式扩大了图形的含义，也提高了设计师将图形与创意联想起来的能力。此外，形象化的记录还能通过对图形的分析联系，在设计中进一步扩展利用（图1-3）。

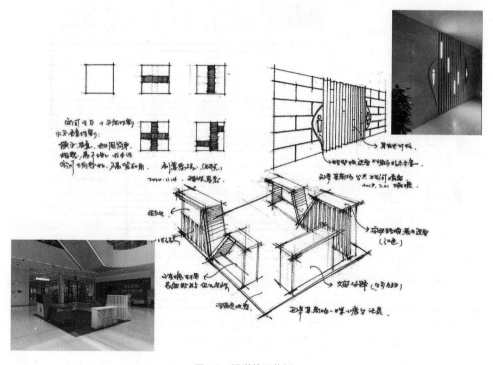

图1-3 视觉笔记范例3

室内设计师方案手绘也叫构思草图，指在项目交流的时候绘制的阶段性的构思草图。构思草图的任务是通过反复的发散、优选、优化的过程，使得设计师的方案构思不断趋近于项目各方面需求的创造性解决。其表现形式可以是形象化的草图，也可以是抽象化的草图；可以是粗略勾画方案构思的核心内容，也可以只是绘制某个局部的构想表达（图1-4）。

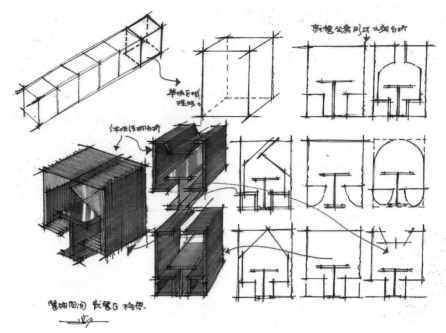

图1-4   设计构思草图

1.3   室内设计师视觉笔记的意义

1.3.1   让室内设计师进行全脑思考

我们都知道人的大脑分为左脑和右脑,左脑主要负责语言、逻辑,右脑主要负责处理图像、绘画、音乐。大多数人平时都是使用左脑去思考问题,而视觉笔记以文字和图像相结合的形式呈现,可以调动室内设计师的左脑和右脑同时思考,激发室内设计师的全脑思维。

1.3.2   增加室内设计师的创造性思维和形象思维

现代人最缺乏的创造性,其实就是左脑与右脑信息交换的产物。在室内设计师视觉笔记中,图画与文字的共同使用使设计师的感性思维与理性思维不断碰撞,从而提高创造性思维的表达。

形象思维的两个重要环节是想象和联想。室内设计师视觉笔记就是为想象和联想创造物质手段和建立信息库。思想与图像之间相互激发,又能产生新的想象和联想。文字语言是以技术为基础的、工业化时代的符号载体,而图像声讯则是后工业时代的主要媒介。由于人们的想象力与图画之间有着密切、直接的联系，使得这种最古老又最时髦的表现方式，依旧是一种最有效的启发思维的方法之一。设计视觉化有助于形成有效的形象思维，视觉语言有助于有效的思考和讨论。

1.3.3　提升设计师职场核心竞争力

拥有良好的视觉思维可以让设计师们在职场竞争中脱颖而出。我们都知道，现在已经进入了人工智能时代，计算机功能已经非常强大，几乎可以替代甚至超越人类左脑所有的功能，但是我们人类的右脑还是无法被替代的，可见要想在职场中立于不败之地，就必须开发右脑提升视觉思维能力。

1.3.4　提高视觉修养

视觉修养包括两方面，即视觉敏锐性和视觉表达。视觉敏锐性是指清晰、准确地在自己所处环境中"看到"多方面的信息。视觉表达是一种开发视觉信息的能力。所以说视觉敏锐性与我们接收的视觉信息有关，而视觉表达则与我们发出的视觉信息有关，看和表达是相互依赖，又相对独立的。看是视觉表达的开始，但要进行视觉记录，两者都必须进行有意识地开发。通过视觉笔记能够培养迅速捕捉和塑造形象的能力、深入刻画的能力、取舍概括的能力，还能锻炼组织协调画面的能力、控制把握全局的能力、表现情绪心态的能力，这些能力的培养无疑将提升视觉敏锐性和表述性，提高视觉修养（图1-5）。

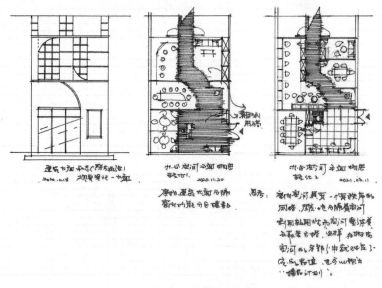

图1-5　办公室平面构思草图

1.3.5 记忆的功能——搜集设计素材

室内设计师视觉笔记是设计师记录偶发的设计思维、设计构想的资料素材库，随时记录设计灵感的闪现和新鲜的思维涌现，是某个设计体验和客观事物形成以及形体结构的记录。思维或反应的记录扩大了图形的含义，提高了设计师将图形与创意联系起来的能力（图1-6）。

作为室内设计师要笔不离手，随身携带速写本，在日常生活中用笔记录与设计有关的图形资料、设计构思。这个记录过程不仅是图形的，也可以是文字的，速写本就成为设计师日常积累视觉笔记的资料库，图形的积累会对今后的项目设计起到启迪与参考作用，设计笔记也是某个设计体验和客观事物形体结构的记录。视觉笔记素材记录不必讲究构图和用笔，只要达到收集设计资料和捕捉设计构想灵感的目的即可。使用速记本去记录你喜欢的设计构思或作品，通过学习、研究，实现自我发展，将这些构思变成属于自己的东西（图1-7）。

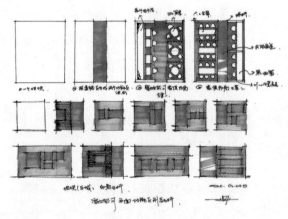

图1-6 室内空间平面功能形态分析

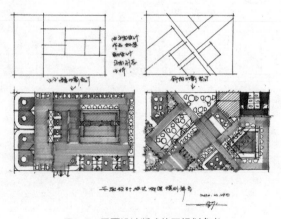

图1-7 平面设计版式构图规划参考

1.4　方案设计师的手绘养成

1.4.1　工具的选择

（1）笔记本：单纯考虑设计素材积累方面的设计师视觉笔记记录，可以考虑选择一个耐久的笔记本。笔记本作为永久性记录载体，应选择厚封皮和优质的纸张，考虑到可能绘制一些等比例的平、立面线稿资料，可以选择5mm×5mm规格的网格本，便于绘制平面尺寸图、立面比例图和空间尺度透视草稿。笔记本规格不宜过大，要方便携带，线装本或活页式都可以（图1-8）。考虑到后期项目设计方案绘图，可以考虑选择一些半透明的拷贝纸或者硫酸纸，这类纸张适合平面、立面设计方案的调整、更改与细化（图1-9）。

图1-8　速写本

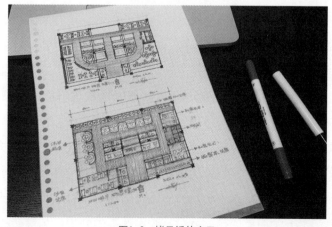

图1-9　拷贝纸的应用

（2）笔：记录视觉笔记或方案设计绘图对用笔没有限制，普通的铅笔、签字笔、彩色铅笔、马克笔等，可根据绘图时间和表现效果进行搭配绘图。视觉笔记记录经常是短时的设计构想或是图片设计参考速记与创意改造，画面表现不宜过于费时和深入表现，重在想法的提炼与概括示意。

1.4.2　入门与基础

室内设计师视觉笔记记录或设计方案表达不同于其他专业领域里的"笔记"记录，在一些线条的表达及形体造型能力上有一定的专业要求，这部分内容要有针对性的了解和辅助练习（参考后面章节内容）。

1.4.3　观察与思考

记录视觉笔记之前要学会观察所绘对象，不管是实际场景还是参考设计类杂志或是项目案例照片，提炼出本次绘图感兴趣的或想描绘的东西。很多人在绘图开始时遇到的困难是没有花时间去仔细观察所绘对象，不仔细观察事物的人，他们记录的画面也是残缺不全的。而那些认真观察并且加以识别的人，会得到十分有效且理性的视觉记录。初次绘制视觉笔记的人应做的是从这个对象的一小部分开始，逐步增加细节。设计构思和设计记录就是一个思考—实践—再思考的过程，着重记录的过程而非形式。初学者应把对视觉笔记必须是精美图画或者是"好看"的艺术品的期望放在一边，投入"记录"的过程中去，绘制记录出轻松自然、清晰准确的视觉笔记。笔记本身只是一种记录的形式。

1.4.4　交流与应用

视觉笔记通常用一页纸即可呈现，以图解的方式将繁杂的信息结构化、重点化、有序化和视觉化，整体内容的主题、重点信息和内在逻辑一目了然，让人一看就懂。视觉笔记记录的最终目的是交流与应用，在做视觉笔记记录时，因为要将语言、文字转化为图像，我们就必须对最初的信息进行思考和加工，而后才能用手画出来。这个过滤加工的过程，就是大脑进行深入思考的过程，也是提取重点信息、文字图形转化、逻辑归纳排序的过程，能让我们把知识很好地消化吸收。项目方案设计大部分时候都是从设计师反复推敲、一点一滴地修改而得到最终的方案，而这个过程一定是一个设计师通过自己的经验累积而绘制的构思，很多时候视觉笔记上一个简单的构图就会打开设计师的联想，从最初的形态发散到空间的文化再到艺术形成。一个好的想法一定需要通过经验不断去完善，这个完善的过程就需要设计师利用手与脑的结合不断分析和对比。视觉笔记手绘本不只是设计过程的记录，还会成为我们经验分享的果实，我们在设计过程中，不会去计较手绘技法，而是专注于空间设计的延伸，每一个设计的细节都是设计师把握的关键。很多人认为做设计就是找几张图片，如果某个设计师做设计也只是专注于找图片给空间拼凑，那么他的设计就和那些装修工没有很大的区别。做设计不只是给顾客最美的空间，还要从我们的经验及专业知识中去分析空间的细节，优化每一个接口和细节，使设计更有内涵（图1-10）。

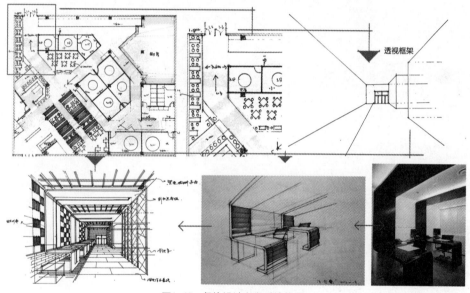

图1-10 餐饮设计方案手绘构思

视觉笔记
基础训练——线

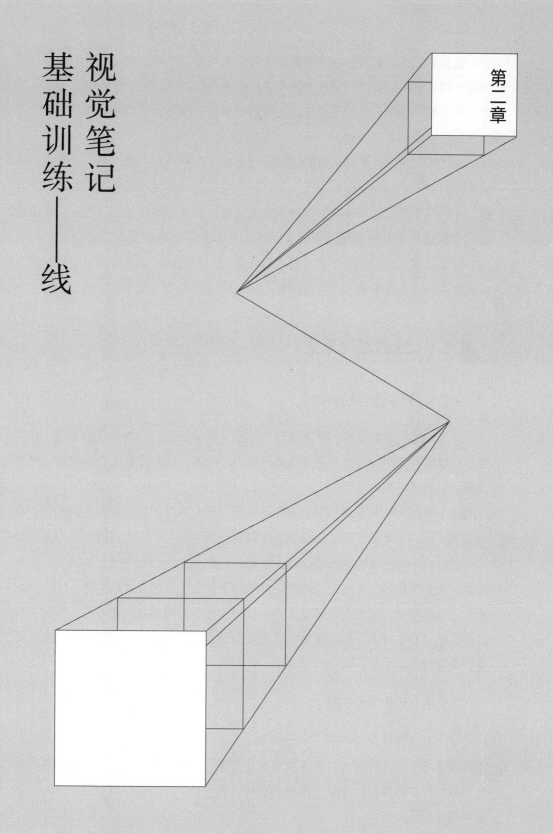

第二章

视觉笔记或方案手绘主要是通过线条来表现的，熟练地掌握和运用各种类型的线条形式是画好视觉笔记或方案手绘的基本条件。线是造型艺术中最重要的元素之一，看似简单，其实千变万化。线条的长短、松紧或意到笔不到，都会使画面产生视觉的和谐与美感。

视觉笔记或方案手绘在绘图过程中常见以下四种线条形式：第一，冲击力强的快线；第二，沉稳思考的慢线；第三，个性十足的抖线；第四，机械硬朗的尺线。四种线条形式绘制出的图面效果各有千秋，对于初学者来说，如果只是单纯为了积累设计素材或绘制项目方案草图，不用纠结学哪种线条形式进行画面表现，只要能够完成视觉笔记或方案手绘相关图纸的绘制，能够根据画面表现效果实现自我交流或跟同事、业主进行有效的设计方案沟通、表达即可。

2.1　线的表现形式

2.1.1　有冲击力的快线

（1）快线的线条特点：两头重，中间轻，强调起点、终点及目标方向。该类型线条绘制有三个阶段，分别是起笔、运笔、收笔，绘制过程中要有快慢、轻重的变化，线条要画得刚劲有力。

（2）快线的绘制要点：下笔前先打量好，思考线条起止位置和方向，可以在纸面上要画的距离和位置试探几次，找对感觉再下笔，手腕不能动，整个小臂必须一起动，不然画出的线条是弧线。行笔的过程要肯定，给予适当的压力，留下痕迹，绘制出刚劲、有张力的感觉，停笔后不要马上收笔，要稍微稳一下，然后提笔，也就是说起笔和收笔要稍作停顿，画出比较明显的起点和终点，做到有头有尾。运笔要有速度，画得要快，轻重缓急结合起来会产生很强的艺术效果，具有视觉观赏性，如图2-1（a）所示。

2.1.2　沉稳思考的慢线

（1）慢线的线条特点：这是一种带有思考性的线条形式，设计师在表现设计草图时通常采用这种画法。这种画法容易掌握，能控制线的方向，运笔时有时间思考线的走向和停留的位置。慢直线表现时要沉稳、气定，保持力度的均匀，线条尽可能拉长一些。

（2）慢线的绘制要点：该类线条形式不强调线的起点和终点，落笔即绘制，保持慢速、匀速绘线，保持直线（水平或垂直），流畅即可，强调一种边思考边绘制的感觉，如图2-1（b）所示。

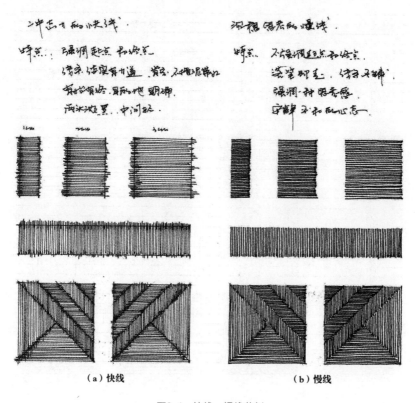

（a）快线　　　　　　　　　　　（b）慢线

图2-1　快线、慢线范例

2.1.3　个性十足的抖线

（1）抖线的线条特点：抖线是建立在快线和慢线基础上的一种特殊线条形式，这种线条能使整个画面活跃起来，给人放松、自然、个性的感觉，强调小曲大直，线条稳。

（2）抖线的绘制要点：绘图前要放松，抖线注重起笔和顿笔（强调起点和终点），抖线弧度不要太夸张，线条流畅，越自然越好，如图2-2（a）所示。

2.1.4　机械硬朗的尺线

（1）尺线的线条特点：尺线，顾名思义，是用直尺辅助绘制的线条，该种线条常用于绘制工程图纸，绘制过程比较机械、呆板，绘图速度相对较慢。

（2）尺线的绘制要点：尺线绘制也类似于快线的绘制，注重线条起始位置，也是强调两头重、中间轻，交点交叉，是一种目的（目标）明确的线条形式，如图2-2（b）所示。

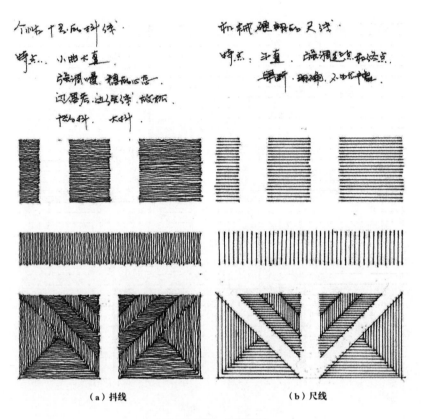

图2-2　抖线、尺线范例

四种常见的纸面手绘基础线条表现形式在视觉笔记记录或设计方案创作绘图过程中既可以单独使用，也可以混合交叉使用。绘图者不用纠结于学哪种线条风格的手绘形式，只要在绘图过程中，有助于视觉化的思维表达，将我们的目的、兴趣、动机、想法等传递给观者，并帮助我们渐入平静而又专注的心态，养成强有力的观察力和创造力即可。

2.2　线条的基础练习范例

徒手或尺规线条训练并不是训练手法，而是训练绘图者的眼睛，以达到初步的"手眼配合"，在练习画线之前必须掌握基本的观察方法及要领。

2.2.1　平行观察

平行观察是最基本和常用的观察方法，绘图者在线条练习运笔过程中反复衡量两线间距，而不可将视线集中于某一条线上，观察线与线之间的空间关系。

2.2.2　对应观察

对应观察是对除平行线以外的直线间关系的一种视觉归纳和衡量，一方面是对存在连续关系的多条线段进行归纳观察，要求在绘制线段时回视前面的线段，将视线保持在一条连续的直线上；另一方面是对线段之间夹角的衡量，在画线时要随时观察线段之间的角度关系。

2.2.3　分割观察

分割观察是基于对线段均等分配关系进行衡量的一种重要的观察方法，要领在于准确判断中心点的方式并逐级进行分割，不要仅仅沿一个方向推割。

2.2.4　目测观察

目测观察是在徒手视觉笔记或设计方案手绘表现过程中，为了确保比例准确，绘图者应具备对厘米单位的基本目测能力。室内设计手绘表现应掌握1~4cm的基本目测能力。

熟练掌握以上几种观察方法是徒手手绘表现的基本前提，目的是在画线中做到"眼为先"。在理解的基础上，结合画线练习认真体会，逐渐适应，养成良好的习惯。

2.2.5　初期练习

在进行线条基础训练过程中，可以参考以下形式（图2-3~图2-7）进行初期练习。

（1）控制线、厘米线、排线训练：在一定距离内绘制一定范围的水平线（1~4cm）或垂直线（1~2cm），线与线之间等距、等长且密集排列。

（2）间距线：锻炼眼力和距离感，控制每两根水平线之间的上下距离相等且线与线之间长短一样即可。

（3）交错线：锻炼眼力和距离感，控制每两根水平线之间的上下距离相等且线与线之间错位相等即可。

（4）定点连线：确定若干距离的点，在任意两点之间进行连线，角度及方向随机。

（5）穿点：锻炼眼力，过一点等角度分割。

（6）二维图形：通过一些基本的二维图形进行考察眼力的等距绘图。

（7）图案：通过一些大写字母或二维图案进行考察眼力的线条练习。

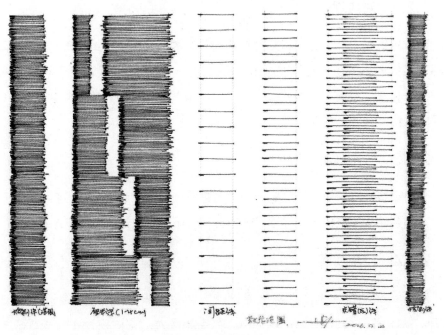

图2-3　快线练习范例

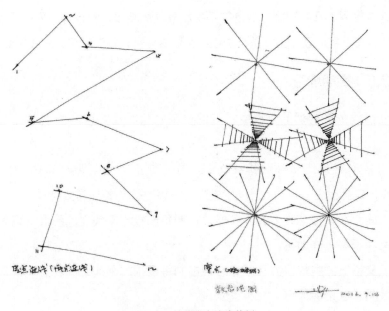

图2-4　快线定点连线范例

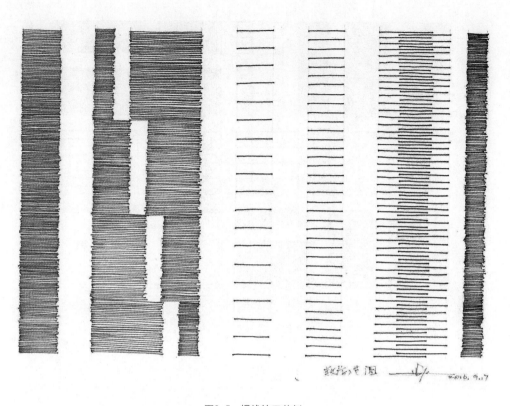

图2-5　慢线练习范例

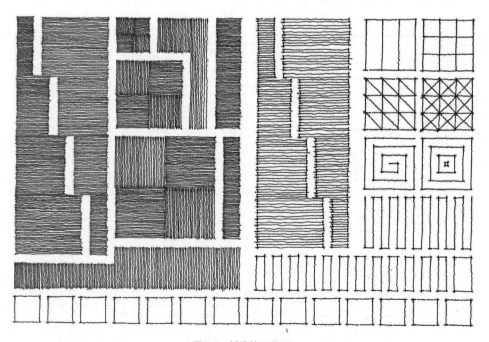

图2-6　抖线练习范例1

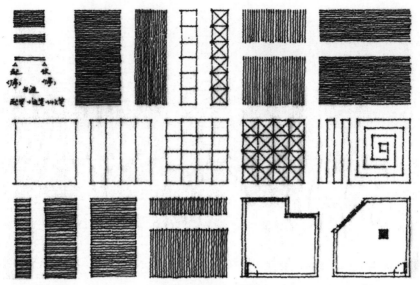

图2-7　抖线练习范例2

2.3　线条的专业应用范例

2.3.1　室内房型墙体线范例

绘制等比例（常见1∶50、1∶100）室内房型平面草图墙体结构（图2-8、图2-9）

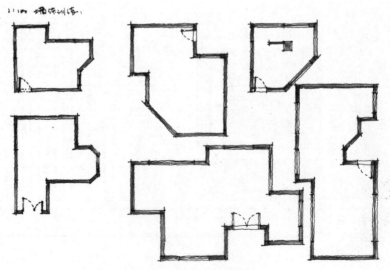

图2-8　房型框架绘图范例

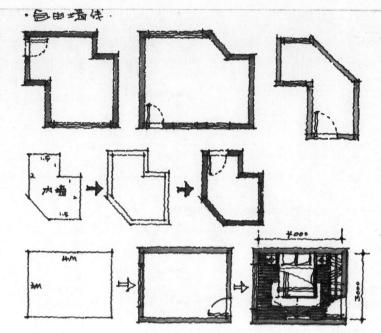

图2-9　房型框架绘图综合范例

2.3.2　室内家具平面元素绘图范例

绘制等比例（常见1∶50、1∶100）室内房型平面草图家具平面形式（图2-10~图2-17）。

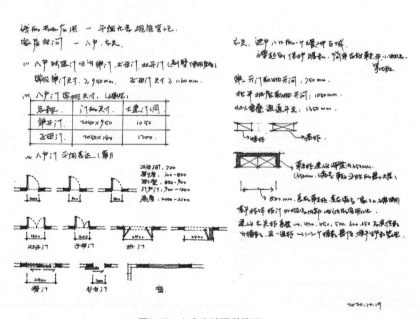

图2-10　入户玄关视觉笔记1

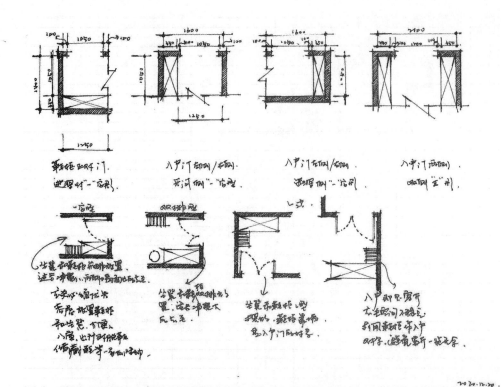

图2-11　入户玄关视觉笔记2

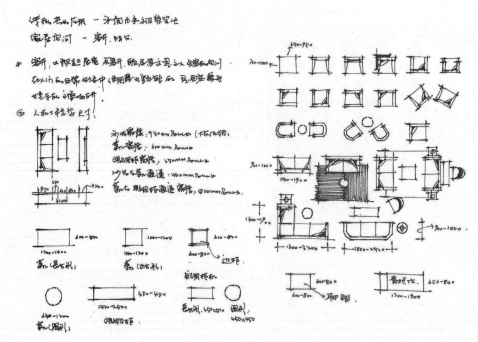

图2-12　客厅、阳台视觉笔记

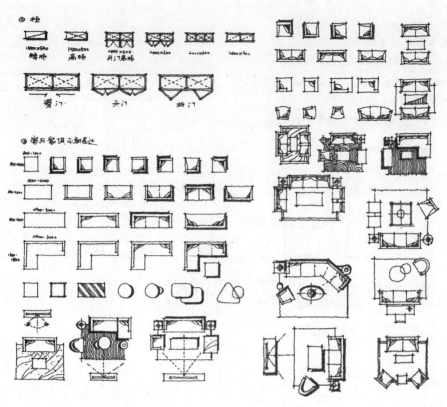

图2-13 客厅平面元素范例

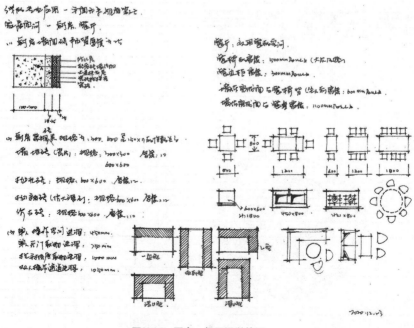

图2-14 厨房、餐厅视觉笔记

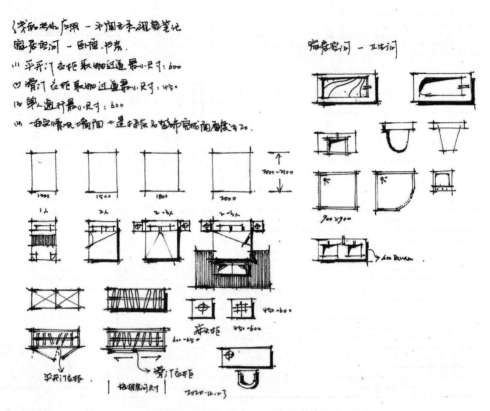

图2-15　卧室、书房、卫生间视觉笔记

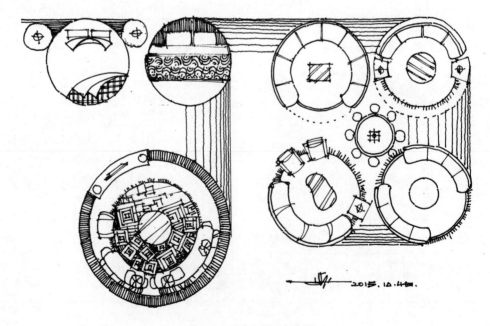

图2-16　圆桌平面元素范例

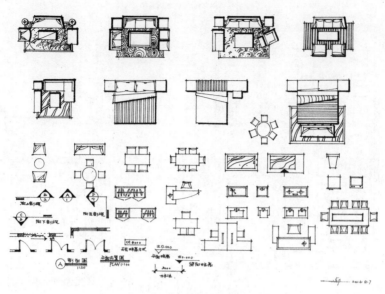

图2-17　尺规平面元素范例

2.3.3　室内平面布局草图范例

绘制等比例（常见1∶50、1∶100）室内平面方案布局草图（图2-18~图2-22）。

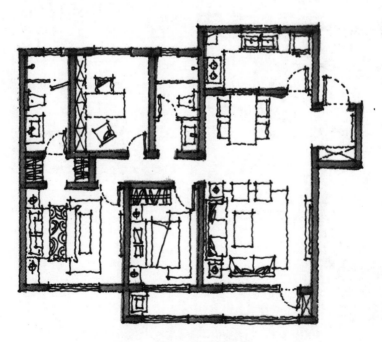

图2-18　抖线平面布局图范例1

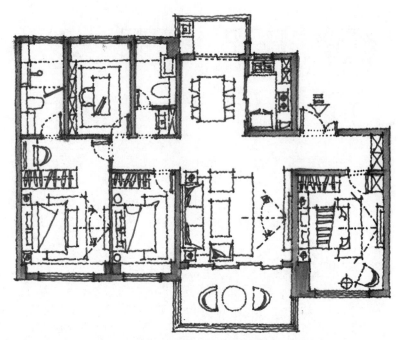

图2-19 抖线平面布局图范例2

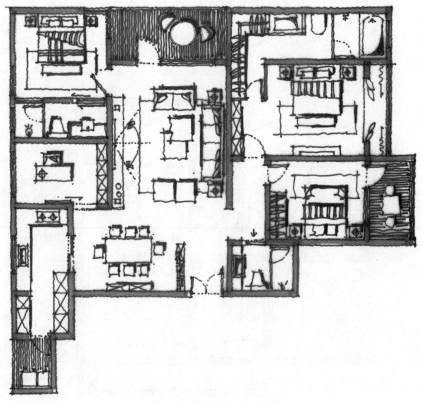

图2-20 抖线平面布局图范例3

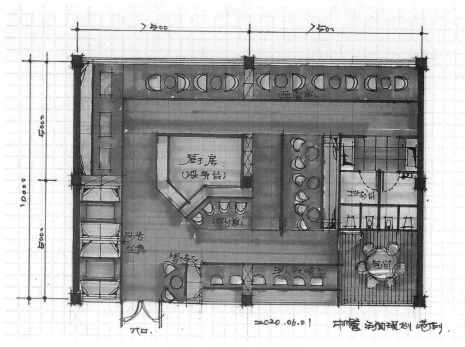

图2-21 餐饮空间平面布局范例1

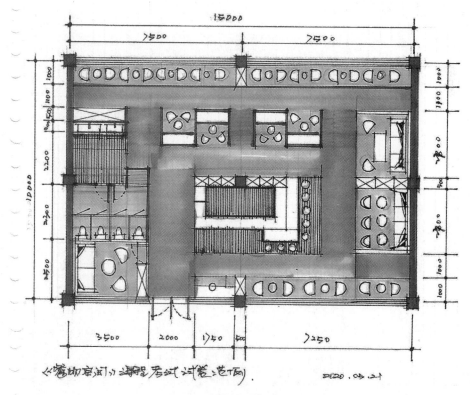

图2-22 餐饮空间平面布局范例2

2.3.4 室内（剖）立面图绘图范例

立面图是项目设计方案草图表现的主要图样之一，是确定墙面做法的主要依据，反映室内空间垂直方向的设计形式、尺寸、做法、材料与色彩的选用等内容。在基础训练阶段，可以运用基础线条进行等比例立面框架的绘图训练，根据框架进行等距分隔训练，最后进行墙面设计草图规划训练练习。

绘制等比例（常见1∶50、1∶100）室内立面方案设计草图（图2-23）。

立面线条练习阶段也可以参照一些实景或效果图案例照片进行线条临绘练习（图2-24）。

立面训练也可以将尺规表现和徒手表现相结合（图2-25、图2-26）。

线条的基础绘图训练主要是让设计师掌握基础线条的绘图感觉及眼力训练，训练设计师的眼力，如参照纸边和上一根线条体会线条的水平度、垂直度，对整张绘图纸的版面构图及所绘图形组块的布局安排、图文示意等。

线条的专业绘图训练重点是锻炼室内设计师掌握常见绘图比例关系，即平面尺度、立面比例，锻炼设计师养成搜集设计素材及图形资料的习惯，为后续的方案创作打下坚实的手绘表现基础。

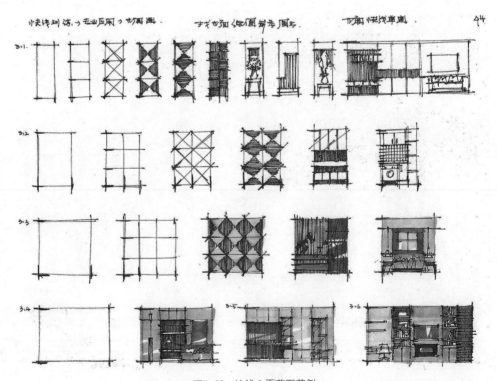

图2-23 快线立面草图范例

图2-24　抖线立面草图范例

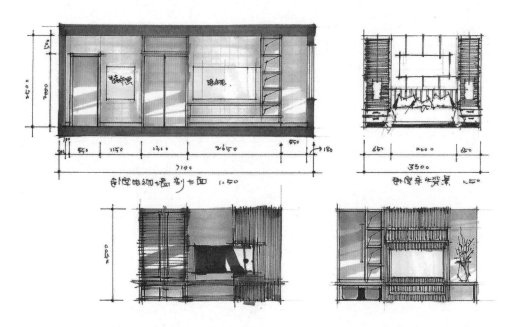

图2-25　尺线、快线立面草图范例

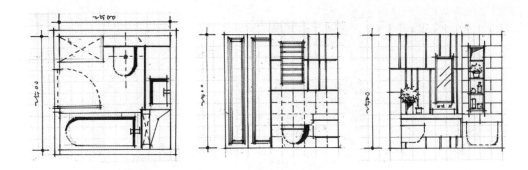

图2-26　尺线卫生间平立面范例

视觉笔记
基础训练——体

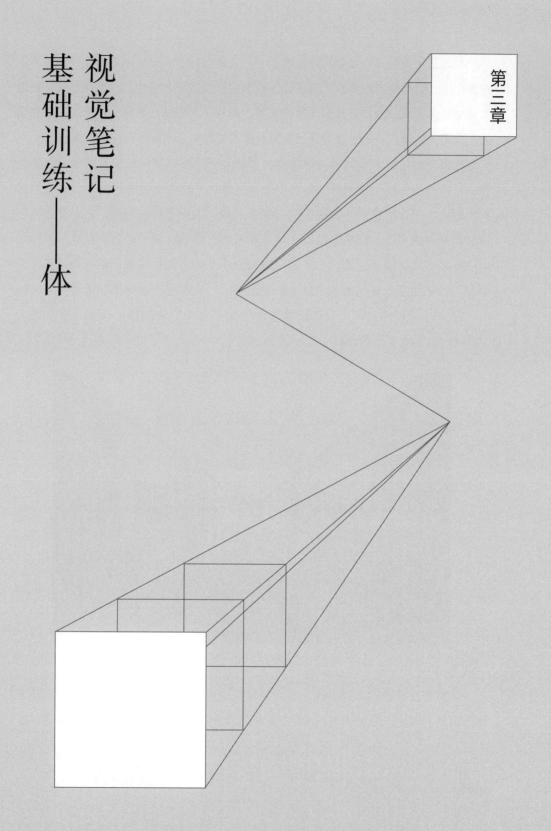

第三章

　　家具是室内空间的主要构成元素之一，在进行视觉笔记绘制或项目设计方案创作表现时，我们要多观察和了解家具单体及组合的造型、结构、材质及款式，把握物体与物体之间的透视及比例尺度的关系，熟练运用概括、生动、流畅的线条来表达家具不同的特点。同时还要及时收集新款式的家具，丰富自己的设计素材。

　　如果我们把室内整体空间理解成为大的盒子，那么里面的家具陈设，包括植物、灯具等构件就可以理解为多个小的立方体，在这个透视盒子的基础上进行结构的深入，表现出来的就是室内空间的单元体。根据不同的功能，这些单元体可以分为家具陈设类、饰品陈设类、灯具陈设类、织物类四个类型。在绘制整体室内空间的方案表现图之前，首先必须对室内空间的各类单体进行单独练习和组合练习，以此加强自身的单元形体造型表达能力。有关室内单元体的透视关系、比例尺度、基础理论知识以及表现技法都需要多多用心去感悟、揣摩并多加练习（图3-1）。

图3-1　室内空间家具体块分析

　　本章节主要通过单体家具、组合家具平面返立体，进而上升到室内空间家具及陈设品的表达，由浅入深、循序渐进完成室内空间家具与陈设的基础绘图练习。

▲ 3.1　室内家具体块的立体分析——一点透视视角

　　在进行家具体块基本分析之前，我们有必要说明一下，就是在手绘表现空间透视设计方案时要有一个站点和视点的选择问题，也就是说，当平面布局图已经形成，想表达室内空间设计构想时要站在哪个位置来表现。理论上说可以站在任何位置表达任何视角的空间构想，但空间表现考虑到设计展示和绘图快速、方便，我们通常选择如图3-2所示的左、中、右三个站点表现该平面空间。当选择C1站点时，设计师主要是表达右侧的墙面，当选择C3站点时，设计师主要表达的是左侧的墙面，当选择C2站点时，设计师兼顾左、右墙面的设计。三个站点看到同一个家具时，家具的表现结构会有所不同。另一个问题就是视平线的问题，同一个站点，视平线的高低也决定室内空间设计表达的重点和图面表达的难易。如视平线可以选择上、中、下三种形式（图3-3），第一种形式相当于房高2/3的位置，这个视角如同观者站在一个矮凳上进行观察或拍照，重点表现地面家具布局结构及地面材料形式，图面表达容易失真且空间家具及陈设品绘制较难。第二种视角相当于人视站立拍照（相当于专业摄影师使用三脚架进行空间拍摄），符合多数人观察和对空间认知的习惯，顶棚、地面的表现比例相当，如沙发或茶几等表面物体也存在透视，绘制相对较难。第三种视角是略微下蹲进行空间表现，这种视角重点表现顶棚，由于视线几乎和沙发靠背平齐，接近一条线，表现难度降低很多，是大多数设计师常规手绘草图或成图表现的视角选择，可以很好地表现设计想法且绘制难度不大，能够快速地表达设计构想并进行设计绘图及综合展示。

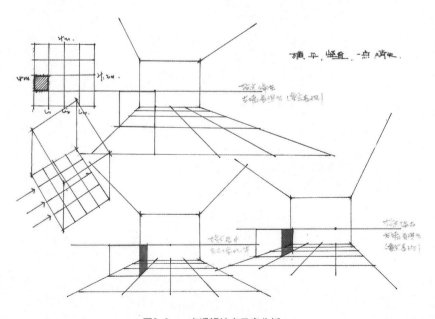

图3-2 一点透视站点示意分析

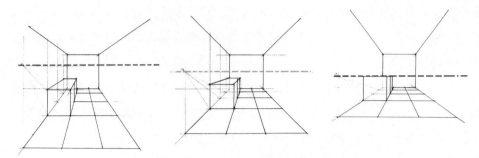

图3-3　一点透视视平线示意分析

　　在进行体块初期练习时，我们经常会绘制一个方形网格阵，进行各个视角的简单家具转换练习，目的是让初学者体会家具在室内空间中的基本形态都是方体，只是位置不同、视角不同，结构和样式不同，通过简单的表现体会各个角度绘制空间单元体的感觉，为后续方案草图绘制打下表现基础（图3-4~图3-6）。

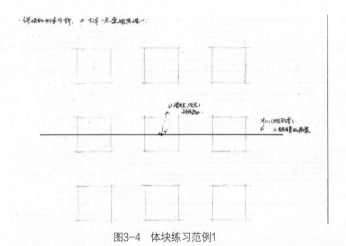

图3-4　体块练习范例1

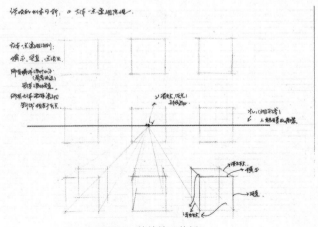

图3-5　体块练习范例2

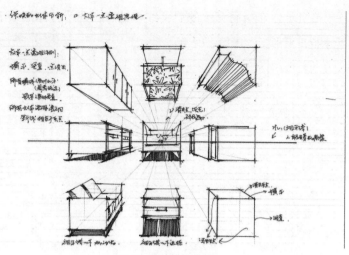

图3-6 体块练习范例3

在进行透视单元体体块练习时要注意理解透视法则:

（1）近大远小:包括两个内涵,一是等大物体近大远小的"体量"变化;二是等距物体近大远小的画面"距离"的变化。

（2）消失点法则:只要有透视,就必然存在消失点(灭点),即自然中的平行线都相交于地平线上的消失点。

（3）横平、竖直、一点消失:所有横线绝对水平,所有竖线绝对垂直纸边,所有透视的斜线相交于一点(灭点)如图3-7所示。

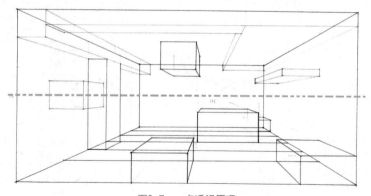

图3-7 一点透视原理

理解了室内家具基本形为方体以后,我们可以正向推演一下单体家具和组合家具的体块分析。站在A、B、C、D、E五个站点观察同一个方体的体块关系及简单的单人沙发的基本转换,如图3-8所示。(视平线的选择可以和沙发靠背平齐也可以略高一点)。

根据图3-8所示，在相同高度的视平线和站点在同一方体框架下可以绘制单人沙发的基本样式转换，如图3-9所示。

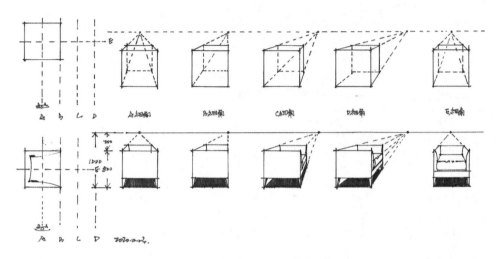

图3-8 方体体块与单人沙发的基本转换

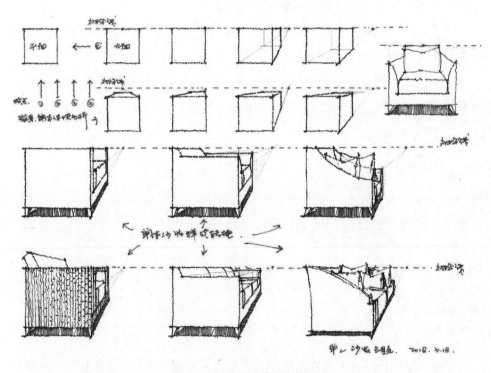

图3-9 方体与单人沙发转换示意

根据单人沙发的基本结构可以衍生出绘制单体及家具组合的体块结构关系，如图3-10~图3-12所示。

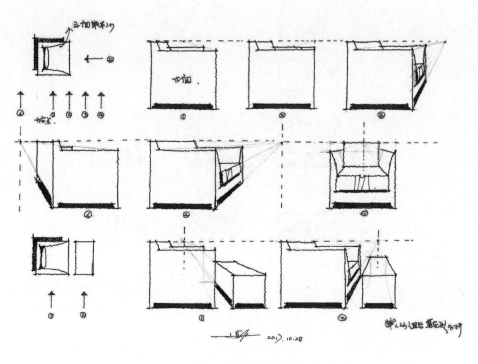

图3-10 单人沙发视角转换示意

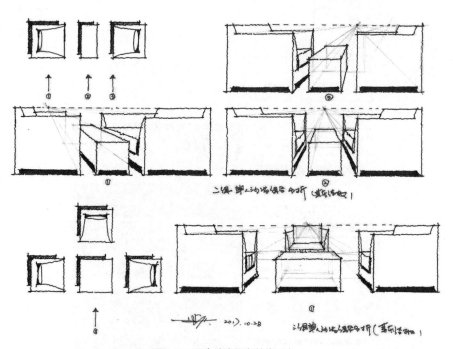

图3-11 组合沙发视角转换示意

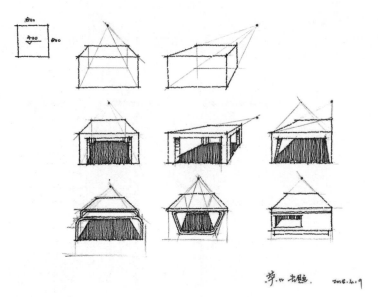

图3-12　茶几体块分析与表达

　　理解了单人家具和家具组合的体块结构关系及样式形变之后，可以参考一些一点透视家具照片完成照片转线稿临绘，将绘制好的素材整理归类形成视觉笔记，为后续项目方案草图绘制和设计表达储备家具表现素材，如图3-13~图3-22所示。

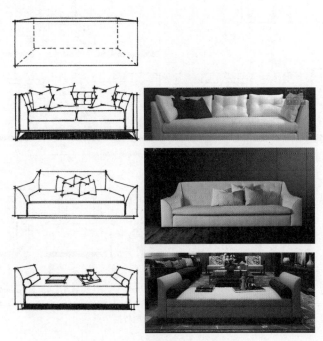

图3-13　一点透视多人沙发照片临绘

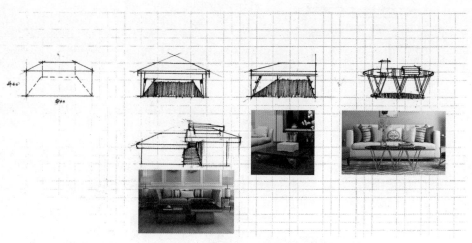

图3-14　一点透视茶几照片临绘

图3-15　一点透视沙发组合照片临绘

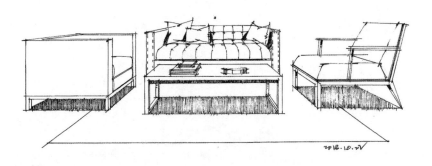

图3-16　客厅家具组合一点透视线稿1

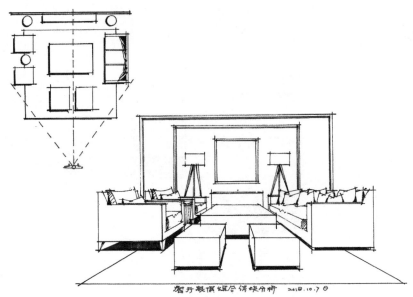

图3-17 客厅家具组合一点透视线稿2

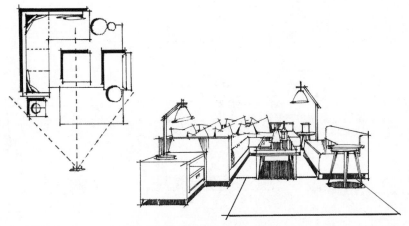

图3-18 客厅家具组合一点透视线稿3

图3-19 客厅家具组合一点透视线稿4

图3-20　室内小场景线稿范例

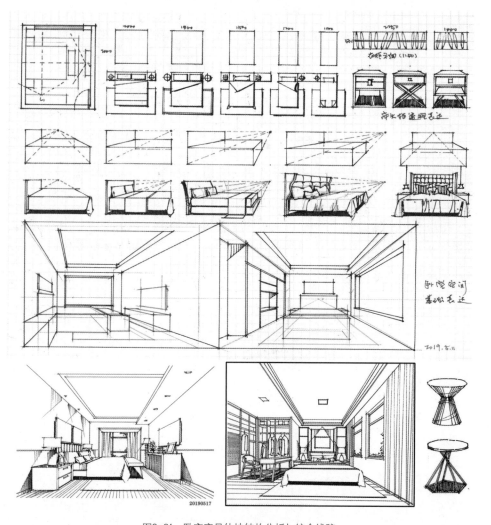

图3-21　卧室家具体块结构分析与综合线稿

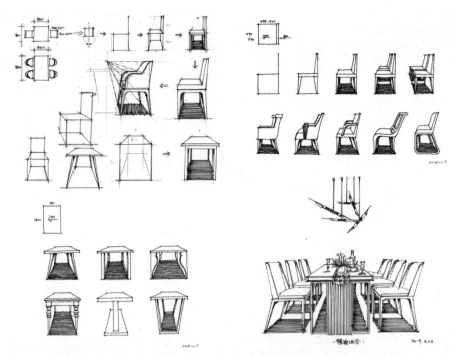

图3-22　餐厅家具体块结构分析与表达

3.2　室内家具体块的立体分析——两点透视视角

两点透视又称"成角透视"，指两组斜线消失在水平线上的两个消失点，所有竖线垂直于画面。两点透视画面活泼、自由，能够逼真地反映物体及空间效果，缺点是容易变形，如图3-23、图3-24所示。

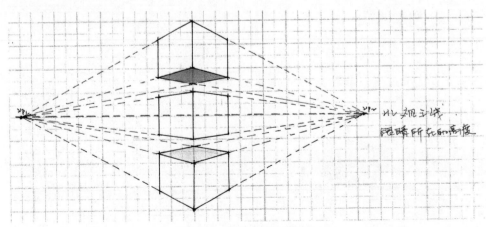

图3-23　两点透视基础原理

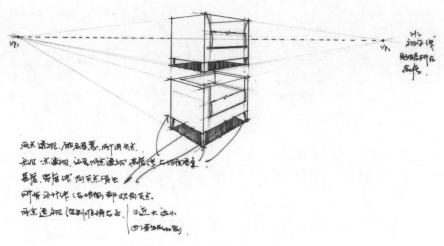

图3-24　两点透视单人沙发基础结构示意

　　两点透视的家具画面比较自由、活泼，接近人的直观感受，但不易控制，表现的形体界面少、视野小。两点透视所有的横线消失在两个消失点上，这样练习表现几何形体在空间位置、比例和透视关系相对要比一点透视难一些，所以要在理解透视原理的基础上大量练习，尤其是参考家具图片进行练习，掌握绘图规律和表现规律，丰富自己的视觉笔记素材库（图3-25~图3-29）。

图3-25　两点透视家具照片临绘

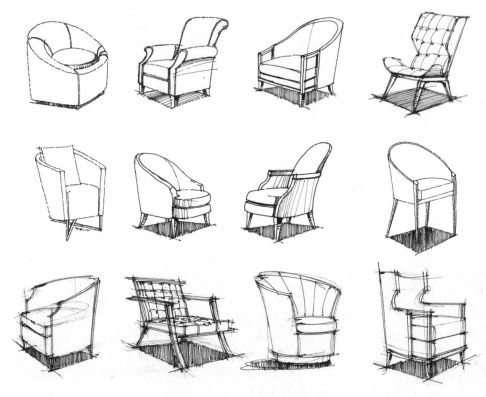

图3-26 两点透视家具线稿表现示意

图3-27 两点透视家具色彩表现示意1

图3-28　两点透视家具色彩表现示意2

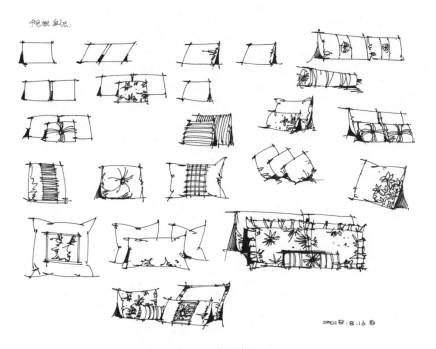

图3-29　靠枕线稿示意

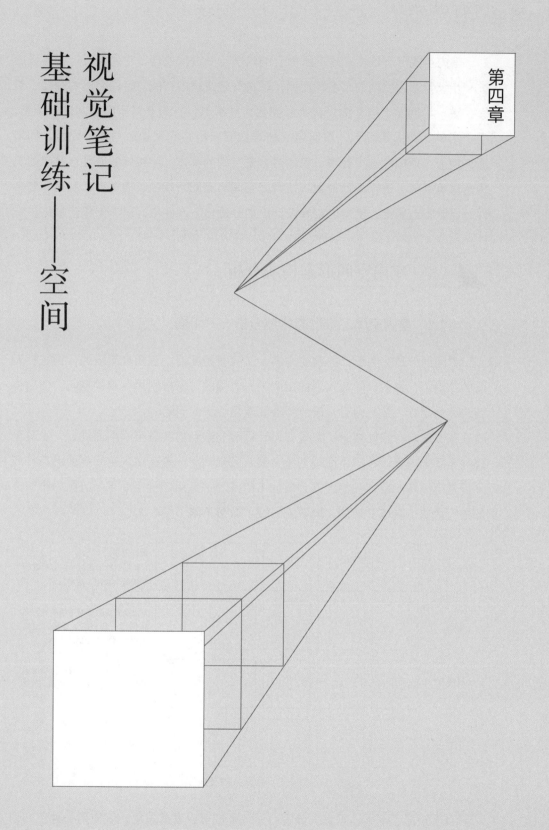

视觉笔记
基础训练——空间

第四章

室内空间形态是指对建筑所围合的内部空间进行处理，在建筑设计的基础上进一步调整室内空间的尺度和比例，解决好建筑室内空间与空间之间的衔接、对比、统一等问题。当室内设计师看完建筑图纸时，首先要对室内空间进行调整，在不影响结构的情况下，按照空间处理的要求把空间围护体的几个界面，即墙面、地面、顶棚等进行处理，包括对分割空间的实体、半实体的处理以及对建筑构造体有关部分进行设计处理。协调好空间与空间之间的转换关系，利用有利条件，排除不利因素，使室内空间设计更加舒适化、人性化、科学化和艺术化。

4.1 室内空间形态构成分析

4.1.1 室内空间二维形态构成分析——平面

空间划分是室内设计的重要内容。从哲学角度看，空间是无限的，但是在无限的空间中，许多自然和人为的空间又是有限的，怎样利用有限的空间，使它得到合理的划分，是室内空间设计师需要着重解决的问题。

在做室内空间规划设计阶段，设计师最先遇到的就是空间平面规划，尤其是公共空间室内设计，对平面规划能力要求会更高。一般在室内空间平面形态构成分析基础训练阶段，我们经常会做如下的练习：运用四种空间平面分区思维对方形进行地块（区域）切割，地块（区域）数量不限（图4-1）。

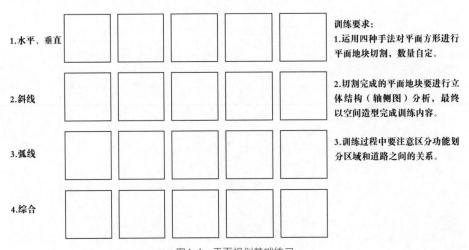

图4-1 平面规划基础练习

（1）矩形（水平、垂直）分区：设计师们可以发挥想象，仅使用一种空间划分手法进行分区规划,用道路进行区域(空间或地块)间的分区,一般采用中线分隔、上小下大、左大右小、"T"型、"十字"交叉等各种方式(图4-2)。

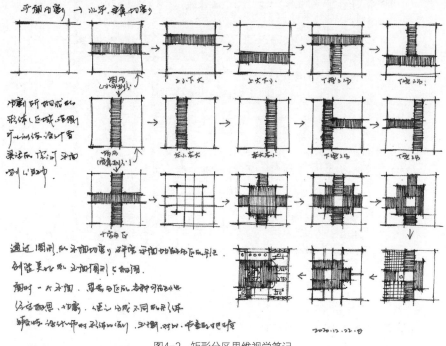

图4-2 矩形分区思维视觉笔记

该空间划分方法强调横平竖直、对称、张弛有度,其优点是空间规整,平面方案规整大气,空间方向感好,不易留死角,分区更直白,易于设计与施工且施工成本较低。缺点是设计感弱、个性不强、略显单调(图4-3、图4-4)。

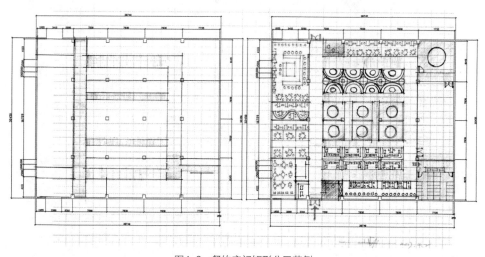

图4-3 餐饮空间矩形分区范例

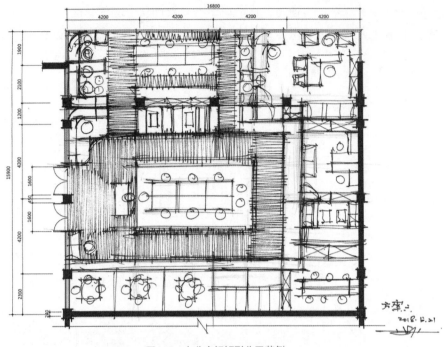

图4-4　办公空间矩形分区范例

（2）斜线分区：采用此种分区方法优点是平面方案更具创意性、科技感，时尚气息强，使空间内部有视觉冲击力。缺点是方案相对不易施工，空间内部方向感较差，易产生死角（图4-5~图4-7）。

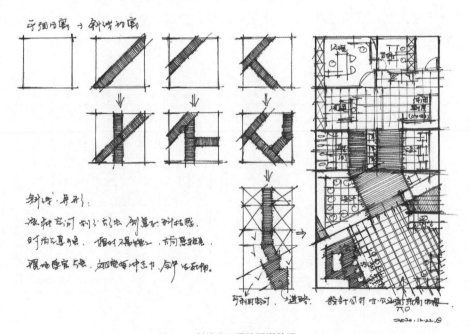

图4-5　斜线分区思维视觉笔记

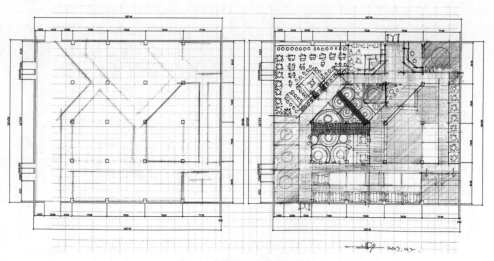

图4-6　餐饮空间斜线分区范例

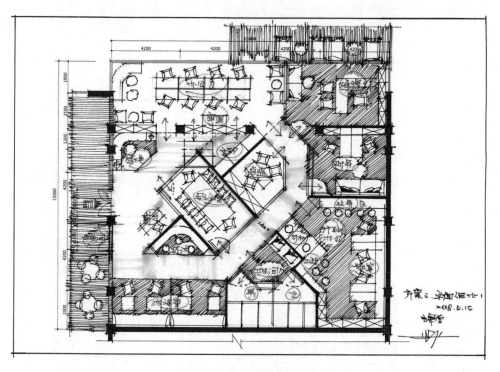

图4-7　办公室空间斜线切割范例

（3）弧线分区：此种分区方法优点是平面规划创意十足、个性，画面优美，图案感强。缺点是方案相对不易施工且施工成本高，方向感差，视觉无死角，使用有死角（图4-8~图4-11）。

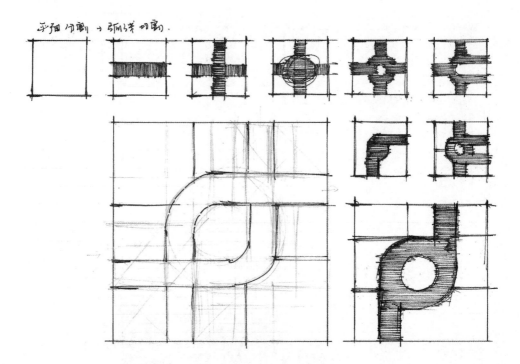

图4-8 弧线分区思维视觉笔记1

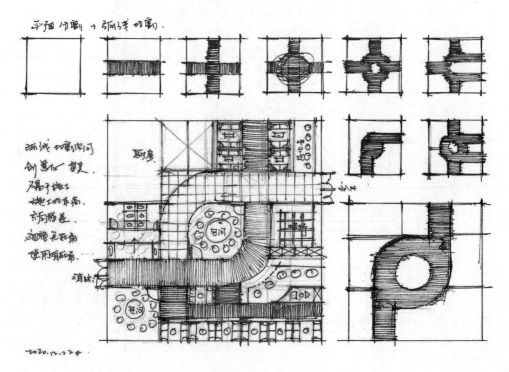

图4-9 弧线分区思线视觉笔记2

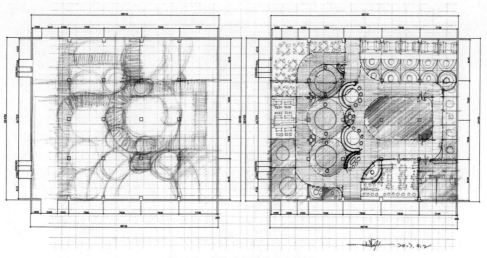

图4-10　餐饮空间弧线分区范例1

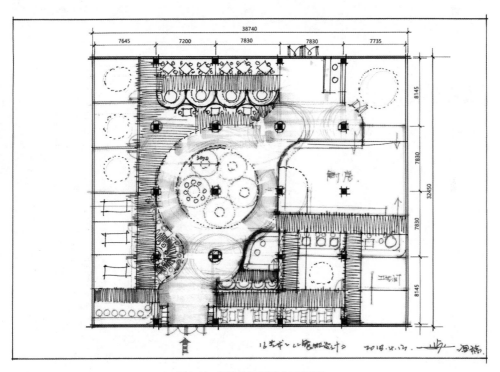

图4-11　餐饮空间弧线分区范例2

（4）综合分区：此种空间划分方法是混合使用前面三种分割方式，需要根据功能区设计灵活运用。混合应用过程中，不用拘泥于三种方法全部都使用到，可以单一手法使用，也可以任意两种分区方法搭配使用（图4-12~图4-15）。

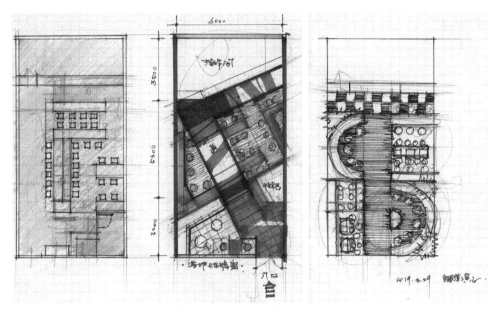

图4-12 同一平面三种空间分区草图范例

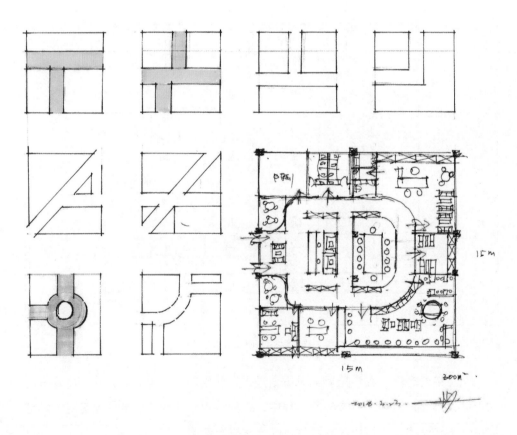

图4-13 空间分区混合应用

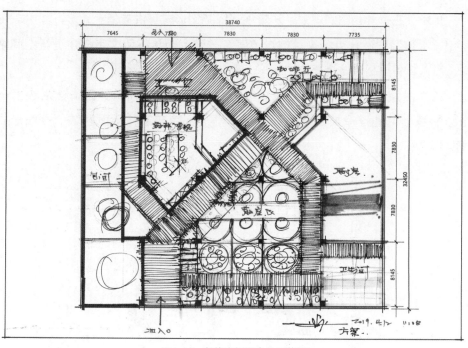

图4-14　餐饮空间混合分区范例1

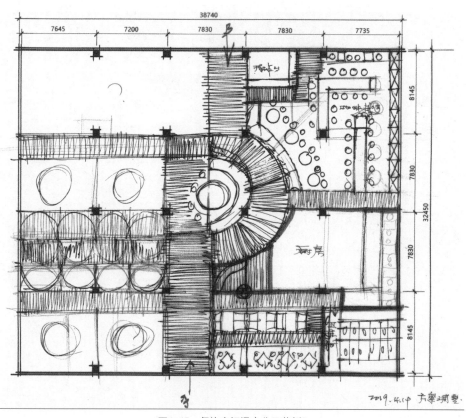

图4-15　餐饮空间混合分区范例2

　　此外，还有一些空间规划手法常规训练范例形式可供参考：

　　（1）道路联通：分区采用的过道宽窄一致，简单按照文字描述进行空间切割，出入口首尾相连，道路走向互联互通（图4-16）。

　　（2）推演法：按照文字要求的空间分隔手法进行简单分区，然后在上一张图的基础上进行追加划分手法，逐步推进，完成某种平面区域的分区形式（图4-17）。

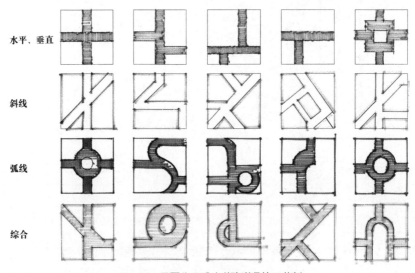

图4-16　平面分区手法道路联通练习范例

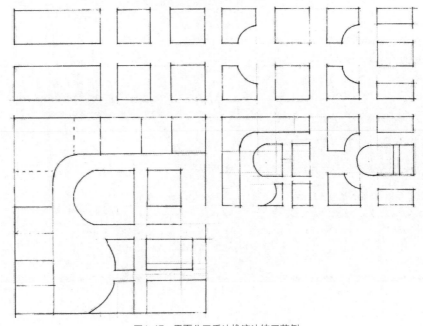

图4-17　平面分区手法推演法练习范例

4.1.2　室内空间二维形态构成分析——立面

　　在进行室内空间立面形态构成分析绘图时，主要考虑比例关系问题，方案绘图过程中不用拘泥于像平面图一样绘制1∶100或1∶50等这样非常固定的图。拿到平面图后首先看平面图上的标高尺寸，然后根据设计要求预估吊顶以下立面做多高，再看待设计的立面对应的平面墙体尺寸，所形成的比例关系就是高宽比。例如，待设计立面的设计高度是2400mm左右，墙面宽度800mm左右，那该立面的高宽比就是3∶1，同理，待设计立面的设计高度是2700mm左右，墙面宽度900mm左右，那该立面的高宽比也是3∶1。以此类推，我们按照高宽比去设计（划分）墙面构成比例关系即可。

　　通常我们在手绘表达立面绘图时先说高度再说宽度，比如一面墙的比例大概是3∶1、3∶2、3∶3、3∶4、3∶5、3∶6等，手绘立面基础练习时我可以先绘制一定比例的方框，然后根据等距离或比例进行分隔画线，一是锻炼眼力，二是锻炼比例分割，为后续立面方案创作打下坚实的比例（模数）控制基础（图4-18）。

　　在根据比例绘制的方块中绘制立面设计方案图（图4-19）。

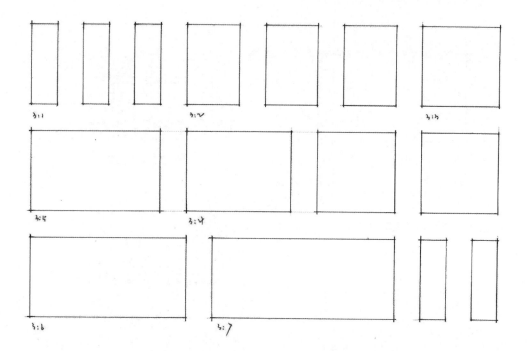

图4-18　立面绘图基础练习——比例控制

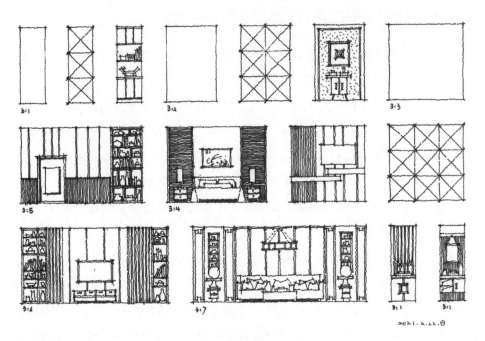

图4-19 立面绘图案例参考

只要遵循一定的比例关系，可以绘制如1∶50的立面图（图4-20），也可以绘制非1∶x的草图（图4-21）。

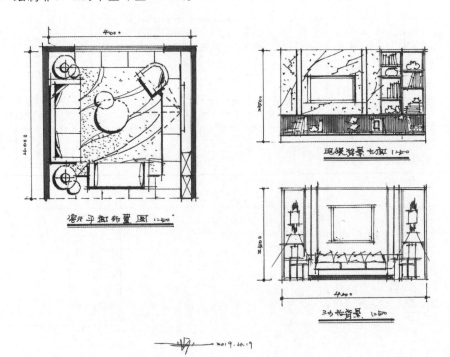

图4-20 立面绘图范例1

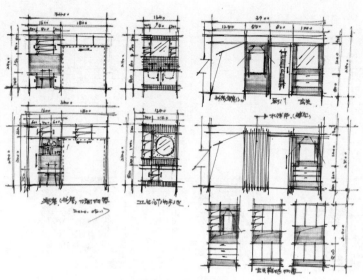

图4-21　立面绘图范例2

4.1.3　室内空间三维形态构成分析——轴测图

从二维平面图建立三维立体空间效果，是室内设计师创意过程中的第二阶段。在初始训练阶段，设计师应对平面划分（空间分隔）出的区域转换成立体结构造型这一问题有全面的了解和创意方案的转换。在练习过程中，设计师可以将分隔出的区域（空间或地块）结构进行创意转换。转换可以采用墙体、木方镂空隔断、玻璃隔断及各种能够想到的维护结构，以加深对空间结构的整体了解，为项目空间设计建立良好的立体思维，提升围护结构样式转换的能力（图4-22~图4-26）。

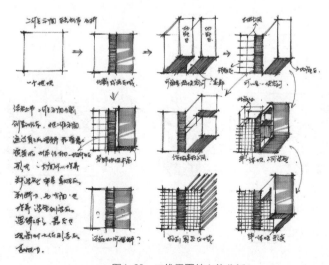

图4-22　二维平面转立体分析1

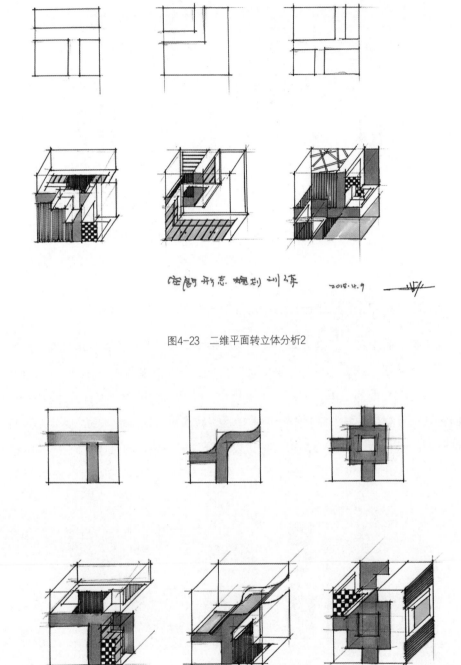

图4-23　二维平面转立体分析2

图4-24　二维平面转立体分析3

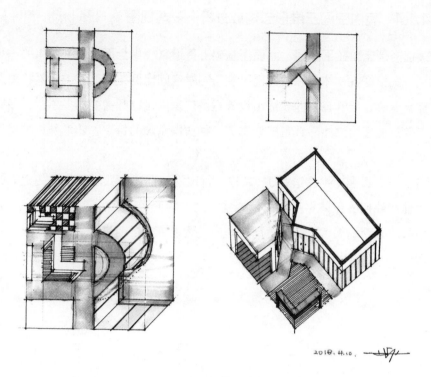

图4-25　二维平面转立体分析4

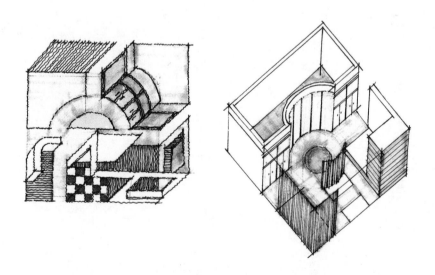

图4-26　二维平面转立体分析5

4.1.4 室内空间三维形态构成分析——透视图

透视图是建立在平面图、立面图基础上更逼真、更全面地展开效果的一种设计图纸，是根据各物体构件的比例尺度与相对空间比例绘制而成的。其特点是具有立体纵深感，能够直观地表达出设计意图。室内设计师需要靠多感觉、多练习来培养自身的空间立体感，首先要掌握各种透视原理的特点，才能熟练地呈现设计方案。

（1）一点透视（平行透视）：又称平行透视，即通常只看到物体的正面，而且这个面和我们的身体平行，由于透视视角上的变形，产生了近大远小的感觉，透视线和消失点（灭点）就应运而生。一点透视有一个消失点，从而产生了纵深感（图4-27、图4-28）。

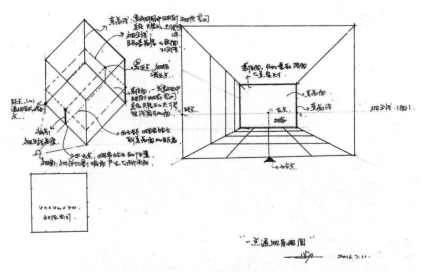

图4-27 一点透视分析

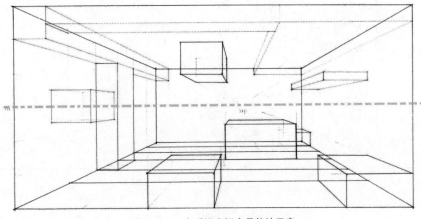

图4-28 一点透视空间家具体块示意

　　一点透视表达的室内空间，能最多体现空间的五个面，给人较为全面的整体印象，适合表现大型宽敞的室内空间。但由于透视框架太过方正，使得表现出来的空间略微单调呆板（图4-29）。因此，我们有时选择用一点斜透视表达会更巧妙。一点斜透视建立在一点透视的基础上，物体结构的斜线还是消失于一点上，另外，改变物体界面和空间界面平行的线为消失线，使得视线消失于远处另外一点，物体和空间界面垂直线依然垂直（图4-30）。

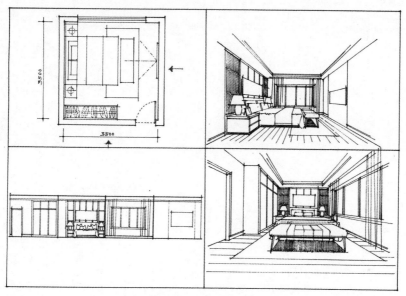

图4-29　一点透视分析

图4-30　一点斜透视案例

（2）两点透视（成角透视）：又称成角透视，是指在一个室内空间中，所有物体的结构斜线和空间斜线相互消失于两个消失点上，物体界面和空间界面的垂直线相互平行。两点透视的手绘图角度变化灵活，给读图者的立体感较强的视觉体验（图4-31、图4-32）。两点透视的优点是图面生动、真实；缺点是如果消失点选择不准，易产生变形。

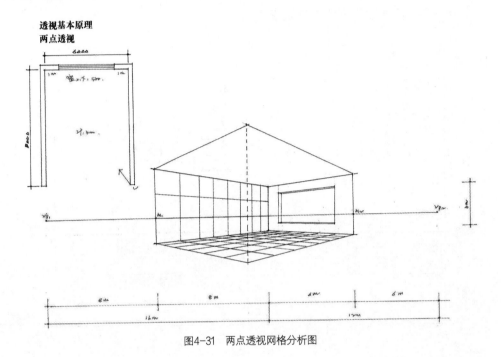

图4-31 两点透视网格分析图

图4-32 室内两点透视分析范例

4.2　室内空间形态构成应用

　　室内空间二维形态构成应用主要体现在初步设计阶段的平面规划草图、立面分析草图。

4.2.1　室内空间二维形态构成应用范例（图4-33~图4-35）

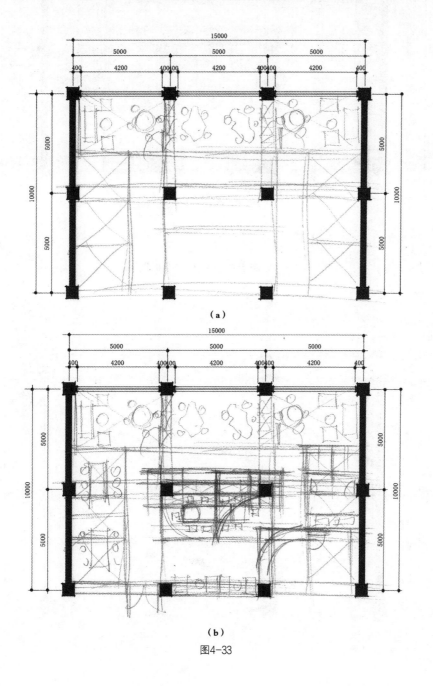

（a）

（b）

图4-33

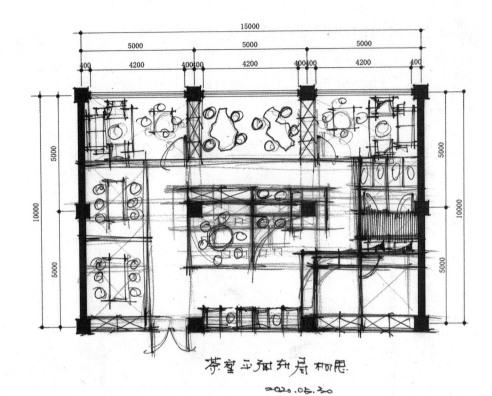

（c）

图4-33 茶室方案1平面规划分析草图

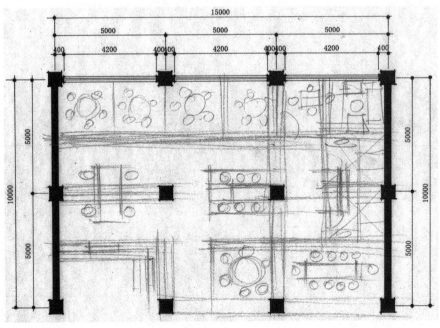

（a）

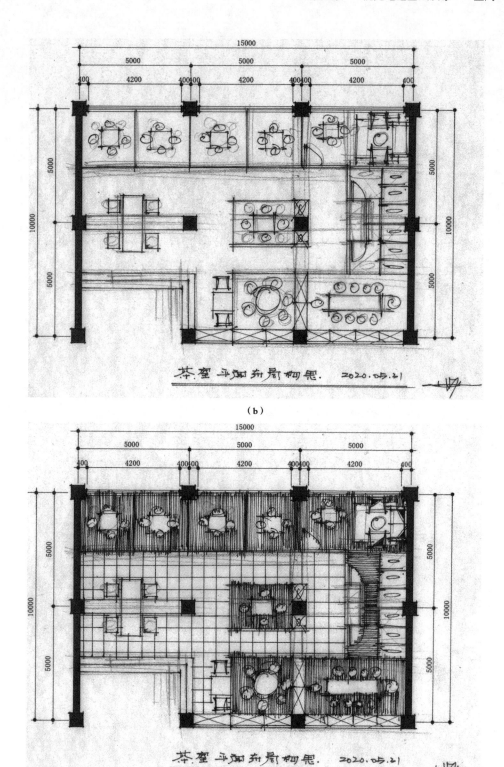

（b）

（c）

图4-34　茶室方案2平面规划分析草图

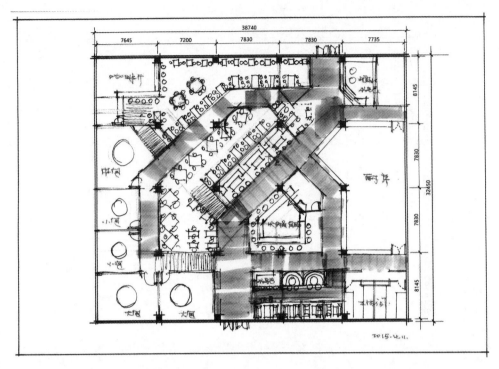

（a）

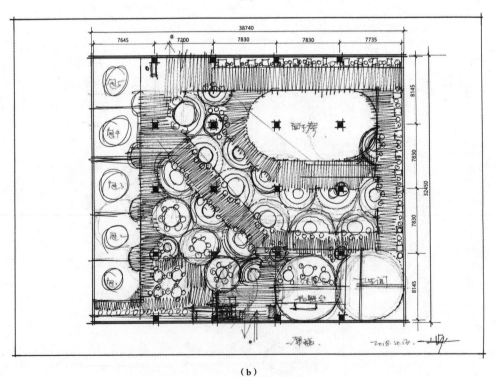

（b）

图4-35 餐饮空间平面规划草图

4.2.2　室内空间三维形态构成应用

　　各种透视原理适用于不同的手绘表现，其表现效果和使用性质都有不同的意义。熟练地进行各类手绘图的表达需要对透视原理分析到位，还需要进行大量的练习，积累经验（图4-36~图4-47）。

图4-36　办公室空间构思草图1

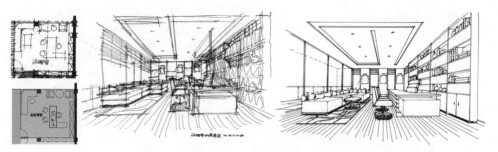

图4-37　办公室空间构思草图2

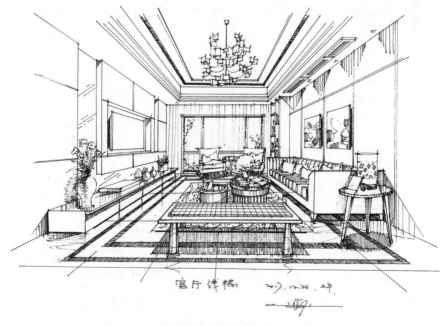

图4-38　家居客厅线稿表现1

图4-39 家居客厅线稿表现2

图4-40 家居卧室一点透视尺规线稿

图4-41 会客厅两点透视线稿表现

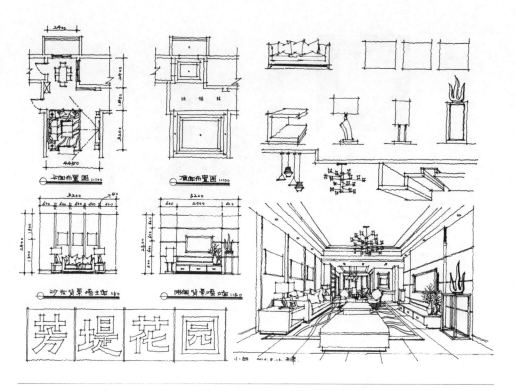

图4-42　徒手手绘综合表现

图4-43　家居客厅色彩表现

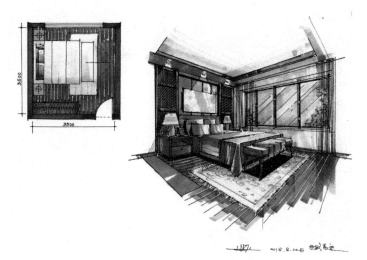

图4-44　卧室两点透视色稿表现

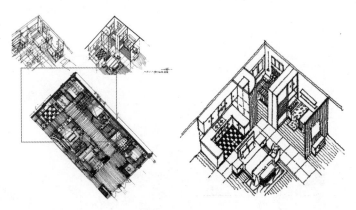

图4-45　轴测视角草图分析

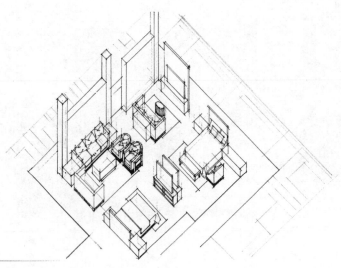

（a）

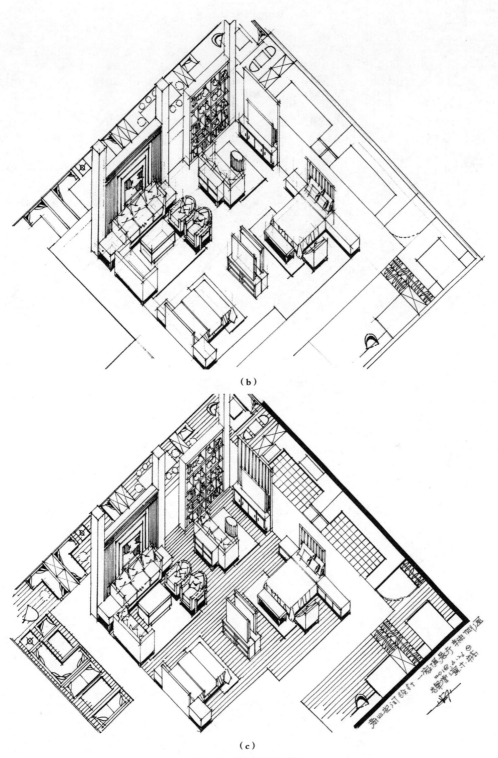

(b)

(c)

图4-46 展厅轴测图表现

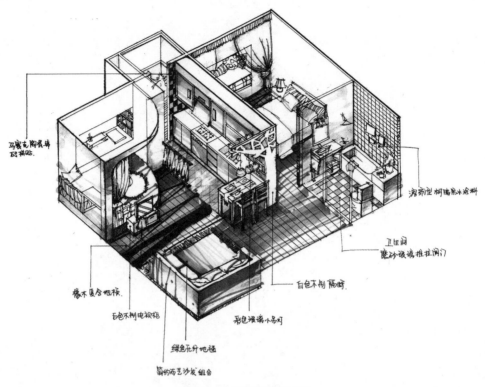

马赛克陶瓷瓷砖贴

杉木复合地板

白色不制电视柜

绿色压纤地毯

简约布艺沙发组合

彩色玻璃小吊灯

白色木制隔断

卫生间
磨砂玻璃推拉闸门

沟新型桐糖乐冰涂料

图4-47　家居空间轴测示意图

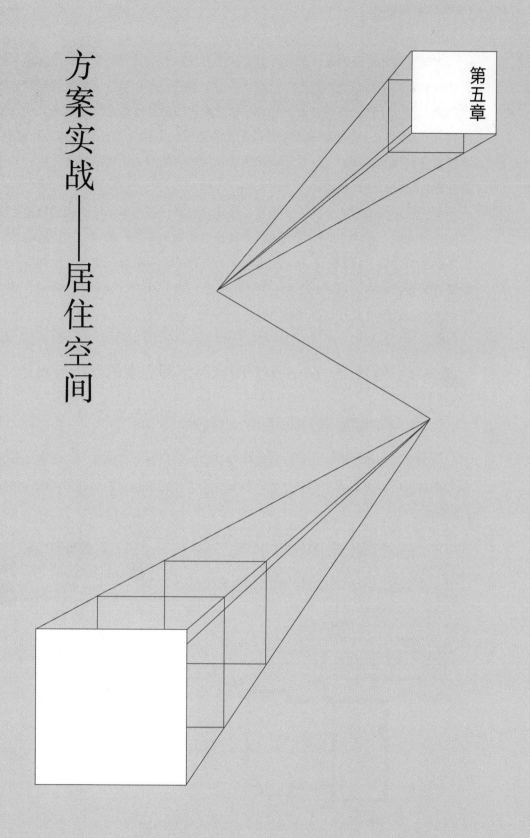

方案实战——居住空间

第五章

　　方案实战是对室内设计从业人员设计能力的综合测试，从原始的平面框架图到体现功能的平面布局图，再到透视效果图的展开，可以直观清晰地展示设计表达的全过程，反映出室内设计师的美术功底素养以及专业知识储备素养。从设计方案到施工运行，也需要设计师具备一定的预见能力和对工艺材料的熟练掌握。本章节我们将通过探讨、学习，利用方案手绘表现的形式来理解设计过程，从而提升设计师设计表达能力。

　　居住空间属于室内空间设计项目，也是室内设计师接触的社会需求量最大的空间设计方向。居住空间的设计内容以及造价档次的高低，都由空间使用者（业主）的喜好决定，"麻雀虽小，五脏俱全"是对居住空间设计最贴切的说法。随着生活质量的提高，越来越多的业主对自己居住空间的设计要求更加讲究，这也是对室内设计师专业技能水准的考验。

5.1　项目一：63m^{2}小户型家居空间套案的分析与表达

5.1.1　小户型家居空间项目设计任务书

　　室内设计师要了解项目基础建筑平面环境，对项目前期功能、风格要求以及后期项目图纸要求有一个初步了解，根据任务书要求制定自己项目设计阶段安排（图5-1）。

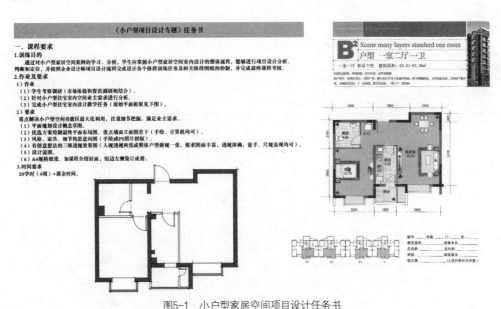

图5-1　小户型家居空间项目设计任务书

5.1.2　房屋内部实景及基础尺寸图

根据现场拍摄的实景照片，结合CAD返回的室内净尺寸图，对项目室内空间有基础了解，尤其窗口位置、强弱电位置、电箱位置以及各种管道位置等（图5-2）。

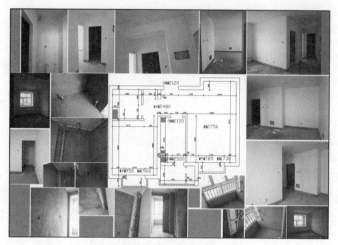

图5-2　房屋内部实景及基础尺寸图

5.1.3　原始房型结构鸟瞰三维模拟图

此阶段可以根据个人情况，运用三维绘图软件如3DS MAX或Sketchup结合AutoCAD绘制的平面框架图完成项目房型整体三维结构模拟图。绘制模型结构图时，要结合实景照片对空间高度及一些墙体转折结构有全面的了解和认知，为后续平面、立面、方案设计打下房型结构基础认知（图5-3）。

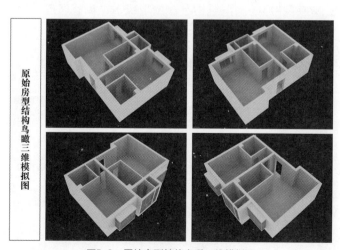

图5-3　原始房型结构鸟瞰三维模拟图

5.1.4 客户需求及初期风格解析

了解项目使用者（业主）对空间功能需求及风格喜好，根据项目使用者（业主）要求查找设计参考图片，为后续空间设计定下基调和方向（图5-4）。

客户1需求:

客户情况: 新婚夫妇

风格需求: 现代简约风格、北欧风格

功能区需求: 客厅、厨房、餐厅、卧室（两个，主卧及其他）、学习区、书架、储物、收纳、卫生间（淋浴即可，能有浴缸更好）。

其他需求: 空间利用率最大化，尽量增加收纳空间。

北欧风格总结:

北欧风格家居空间设计的特点体现在室内的顶面、墙面、地面三个界面完全不用繁复的纹样和图案装饰，常用线条、色块来区分、点缀空间；

在室内家具陈设设计方面呈现简洁、直接、功能化，给人清新、贴近自然、宁静的感受。

北欧风格与现代简约风格都有简洁的特点，但北欧风格更多的崇尚自然，富有人情味。

简约风格总结:

简约风格的特色是将设计的元素、色彩、照明、原材料简化到最少的程度，但对色彩、材料的质感要求很高。因此，简约的空间设计通常非常含蓄，往往能达到以少胜多、以简驭繁的效果。

图5-4　客户需求及初期风格解析

5.1.5 初步方案草图设计

（1）方案一：根据业主的初步需求完成项目最初的平面规划草图。由于该项目户型建筑面积为63.36m^2，实际使用面积会更小，根据初期布局，能够发挥利用的空间只有原楼书示意的客厅区域和餐厅区域，据此分析这两块区域是空间创意规划的重点。在保持原始房型结构不变的情况下，调整客厅布局，在距离客厅窗口2m左右的位置分隔出一块区域作为业主要求的备用卧室空间，然后重新定义客厅、餐区布局形式及家具摆位（图5-5）。

客户需求:

客户情况: 新婚夫妇

风格需求: 现代简约风格、北欧风格

功能区需求: 客厅、厨房、餐厅、卧室（两个，主卧及其他）、学习区、书架、储物、收纳、卫生间（淋浴即可，能有浴缸更好）。

其他需求: 空间利用率最大化，尽量增加收纳空间。

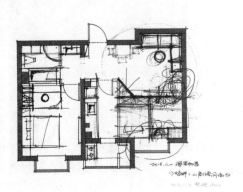

图5-5　初步方案草图设计1

（2）方案二：鉴于项目户型使用面积小，业主要求比较多的情况下，如何充分利用空间是设计师需要绞尽脑汁思考的。一种情况是原始房型内部非承重墙不拆改，另一种情况是内部非承重墙能够拆改，空间平面布局方案设计的可能性会增加很多，也使设计师更能充分发挥设计优势，按照业主设计要求重新定义如何对小户型进行创意规划（图5-6）。

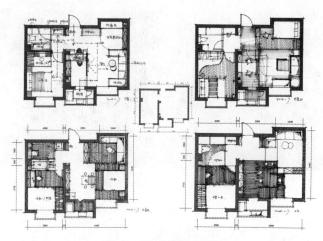

图5-6　初步方案草图设计2

5.1.6　初步优选方案草图家具意向构思

（1）方案一：在平面规划方案设计过程中，设计师应对草图中示意的家具有实体认知，如对家具尺寸数据、造型风格、体态结构、色彩意向等的认知，为后续平面布局定稿后的立体方案表现及深化设计打下基础（图5-7）。

图5-7　初步优选方案草图家具意向构思1

（2）方案二：在寻找意向家具的过程中经常也会产生对平面布局的调整，所以，设计不是凭空想象，而是在很多阶段要时时围绕项目本身思考，是一个逐步深化空间认知的过程。在绘制草图的过程中，设计师除了思考空间功能的使用方面，还应对所绘的平面家具元素有实体和结构、形式、色彩、样式的细化认知（图5-8）。

图5-8　初步优选方案调整草图及家具意向构思2

5.1.7　初步优选方案CAD调整版

手绘草图毕竟是草图，很多时候在尺寸上的把握都不很精确，当平面布局接近定稿时可以使用AutoCAD软件进行详细尺寸图纸的绘制，这样能够保证空间家具及布局都是在一个可控的尺寸范围之内。所以说，设计过程就是利用各种方法对设计构思方案不断推敲，反复修改（图5-9）。

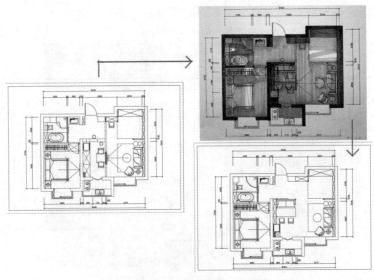

图5-9　优选方案CAD平面表现（调整版）

5.1.8　定稿平面布局图及空间家具、色彩参考意向图

绘制完标准平面布局图之后，室内设计师要对定稿平面图的家具意向再次进行整体构思，并排版备用，方便后续绘制透视图（不管是手绘透视还是计算机透视）做参考（图5-10）。

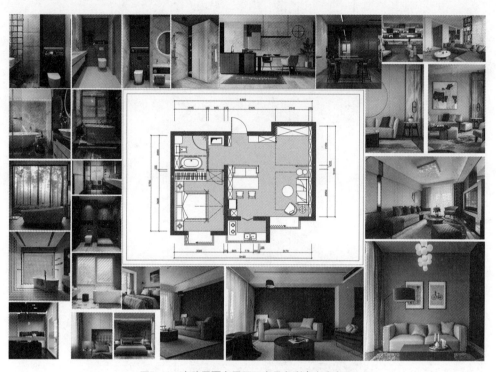

图5-10　定稿平面布局图及家具色彩参考意向图

5.1.9　定稿平面整体鸟瞰分析草图

由于平面布局已经定稿，接下来就要分析空间整体。此阶段可以绘制手绘鸟瞰草图，对空间界面及家具造型、结构、形式有统一的认知。草图形式不限，是否上色不限，只是设计师在图纸绘制过程中要无时无刻对平面规划完毕之后的空间有三维立体认知，为下一阶段绘制透视示意草图或立面结构草图分析打下空间立体结构基础（图5-11）。

5.1.10　定稿平面卫生间鸟瞰分析草图

鸟瞰手绘分析草图可以绘制整体空间也可以绘制单一或局部空间（图5-12）。

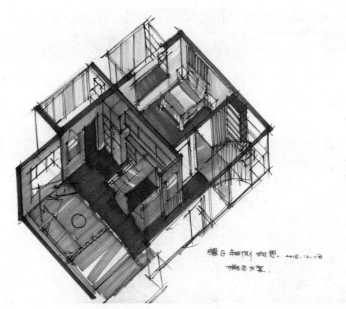

图5-11　定稿平面整体鸟瞰分析草图

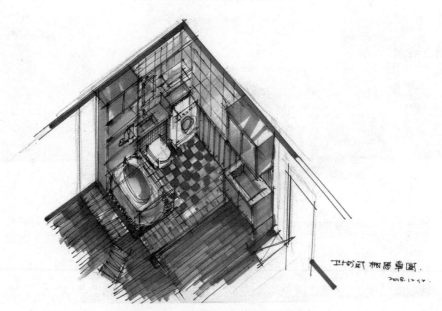

图5-12　定稿平面卫生间鸟瞰分析草图

5.1.11　定稿平面卧室鸟瞰、透视分析草图

空间透视分析草图除了绘制鸟瞰之外，人视的一点透视或两点透视以及立面分析都可以用上，只要能够表达设计师阶段绘图想法即可。绘图过程中要注意平面尺寸、立面比例、空间尺度（图5-13）。

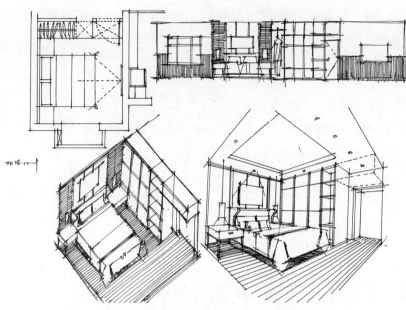

图5-13 定稿平面卧室鸟瞰、透视分析草图

5.1.12 手绘线稿综合表达

经过前面的各个阶段，室内设计师可以根据最终平面布局图绘制空间手绘想法图。即使只是简单的黑白线稿，也基本能表达出设计师的空间风格想法、家具造型以及界面构思，为后续绘制彩色电脑效果图打下基础（图5-14）。

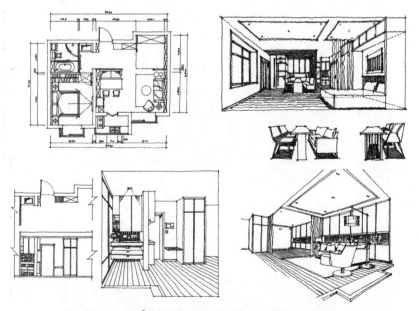

图5-14 63㎡小户型家居空间设计方案手绘线稿综合表达

5.1.13 空间平面规划方案展示（SketchBook表现版）

在本项目平面规划阶段，设计师在满足业主需求的基础上，还构思了很多不同思路的平面布局供读者参阅。此阶段没有使用传统的纸面手绘形式，而是使用未来可能会影响室内方案设计师空间表现的SketchBook软件的表达形式，该软件的基础使用比较简单，读者可以自行下载相关软件进行辅助绘图（图5-15~图5-19）。

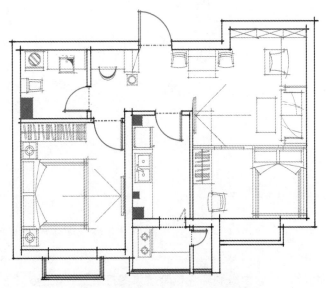

图5-15 SketchBook表现空间平面规划1

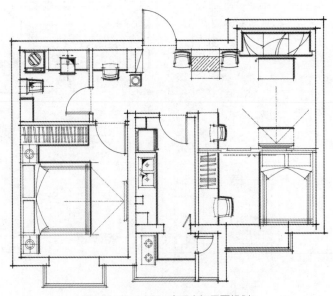

图5-16 SketchBook表现空间平面规划2

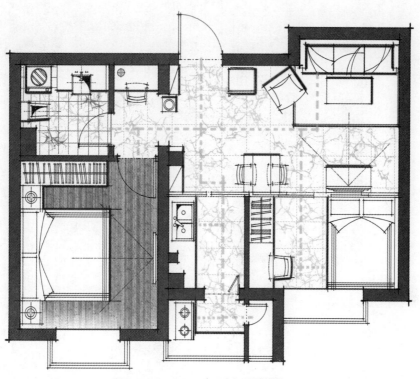

图5-17 SketchBook表现空间平面规划3

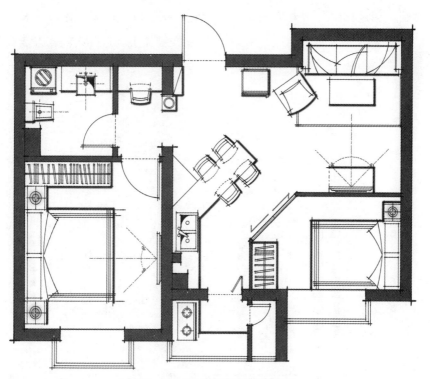

图5-18 SketchBook表现空间平面规划4

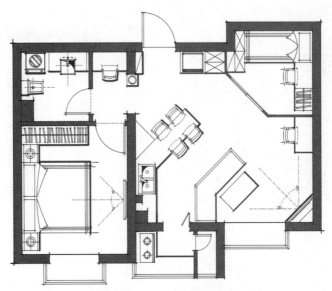

图5-19　SketchBook表现空间平面规划5

5.1.14　空间平面规划方案展示（创意规划）

设计师应在项目设计过程中充分发挥设计想象力，虽然有些方案可能不被业主所接受，但是如果能够对空间有个全新的、突破性的认识，这也是设计师应具备的专业素养。下面两套规划方案采用曲线空间分割的方法，该方法经常在公共空间设计中使用，在家装尤其是小户型家装上使用算是一种创意设计尝试（图5-20、图5-21）。

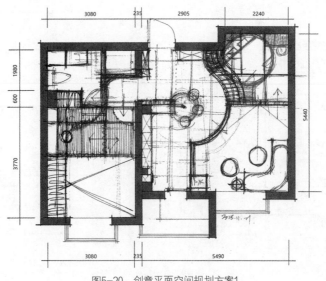

图5-20　创意平面空间规划方案1

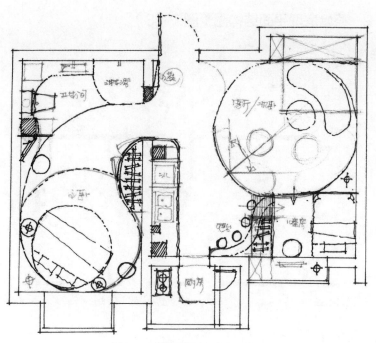

图5-21 创意平面空间规划方案2

5.2 项目二：110m² 中户型家居空间套案的分析与表达

5.2.1 项目任务书（图5-22）

《中户型项目设计专题》任务书

一、训练目的

通过对中等面积户型家居空间案例的学习、分析，学生应掌握中等面积户型家居空间室内设计的整体流程，能够进行项目设计分析、判断和定位，并按照企业设计师项目设计流程完成设计各个阶段训练任务及相关阶段图纸的绘制，并完成最终课程考核。

二、作业及要求

1.作业

（1）学生考察调研（市场体验和资讯调研相结合）。

（2）针对中等户型住宅室内空间业主需求进行分析。

（3）完成中等户型住宅室内设计教学任务（原始平面框架见下图）。

2.要求

重点解决中等户型空间功能区最大化利用，注重细节把握，满足业主需求。

（1）平面规划设计概念草图。

（2）优选方案绘制最终平面布局图、重点墙面立面图若干（手绘、计算机绘图均可）。

（3）风格、家具、细节构思意向图（手绘或PS照片拼版）。

（4）有创意想法的三维透视效果图（人视、轴测），要求图面丰富，透视准确，徒手、尺规表现均可。

3.时间要求

20学时（4周）+课余时间。

图5-22 项目任务书

5.2.2　原始房型平面结构图（图5-23）

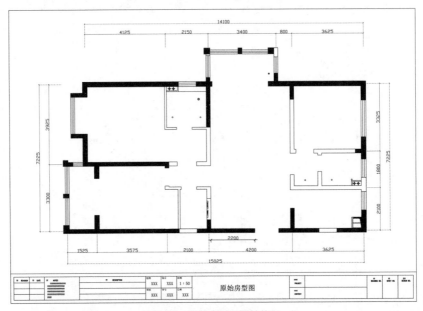

图5-23　原始房型平面结构图

5.2.3　原始房型平面尺寸图（图5-24）

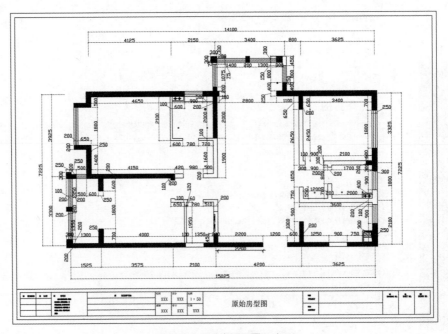

图5-24　原始房型平面尺寸图

5.2.4　设计需求

（1）建筑面积120m²，套内净面积98m²的三房户型，保留现有的三房配置，业主夫妇是从事设计教学工作的高校教师，希望所有功能配置明确、空间使用率高、增加储物空间。

（2）要有一间儿童房（备用），老人房可以考虑也可以不考虑，最好有间书房（工作室）。

（3）根据设计需要，非承重墙可以适当拆改。

（4）风格需求现代简约。

5.2.5　原始户型三维结构模拟图（图5-25）

图5-25　原始户型三维结构模拟图

5.2.6　平面布局草图方案（图5-26~图5-30）

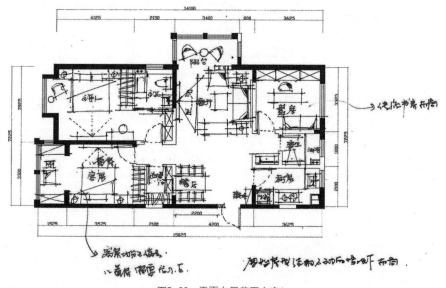

图5-26　平面布局草图方案1

图5-27 平面布局草图方案2

图5-28 平面布局草图方案3

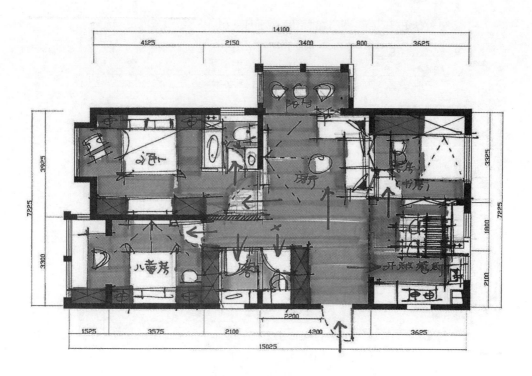

图5-29　平面布局草图方案4

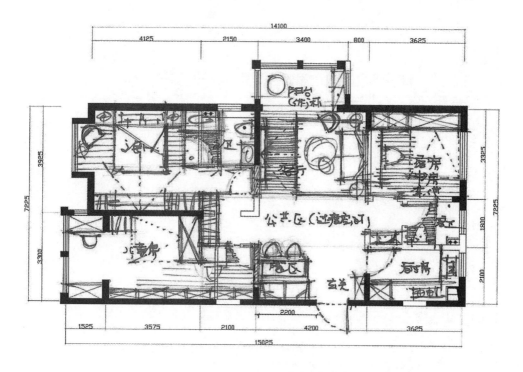

图5-30　平面布局草图方案5

5.2.7 优选平面CAD布局图（图5-31）

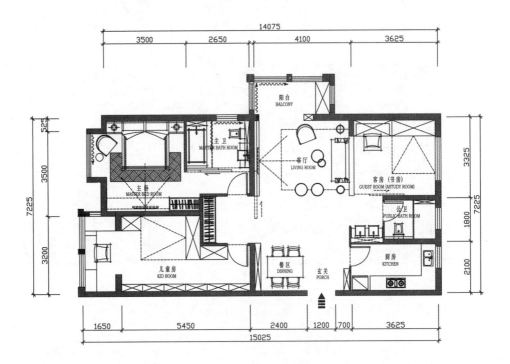

图5-31 优选平面CAD布局图

5.2.8 优选平面CAD布局修改要求（图5-32）

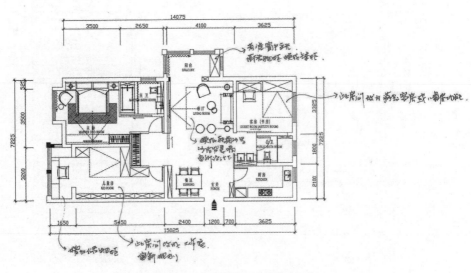

图5-32 优选平面CAD布局修改要求

5.2.9　优选平面CAD布局修改草图（图5-33）

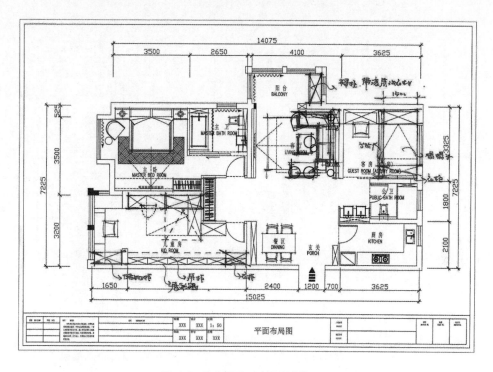

图5-33　优选平面CAD布局修改草图

5.2.10　定稿平面CAD布局图（图5-34）

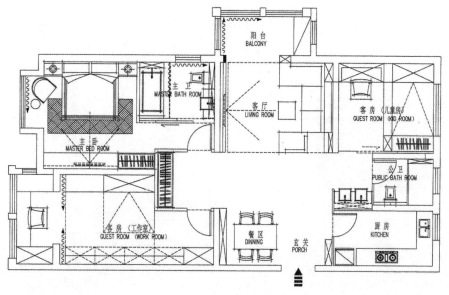

图5-34　定稿平面CAD布局图

5.2.11　入户玄关分析草图（图5-35）

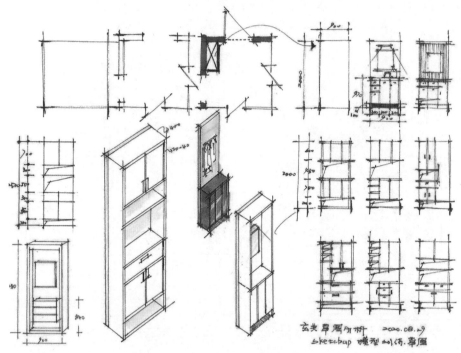

图5-35　入户玄关分析草图

5.2.12　厨房空间分析草图（图5-36）

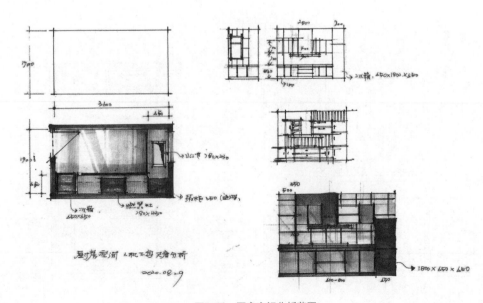

图5-36　厨房空间分析草图

5.2.13　客卫平立面草图分析（图5-37）

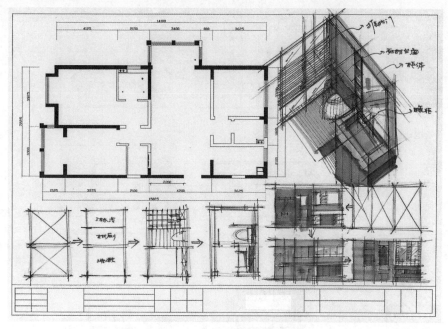

图5-37　客卫平立面草图分析

5.2.14　儿童房构思草图（图5-38）

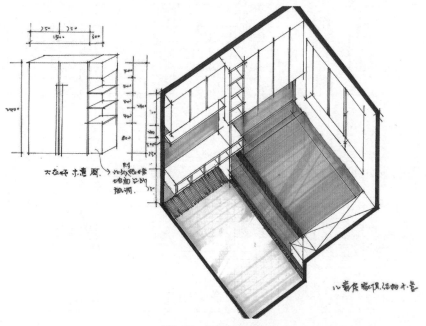

图5-38　儿童房构思草图

5.2.15 客厅电视墙、沙发背景构思草图（图5-39、图5-40）

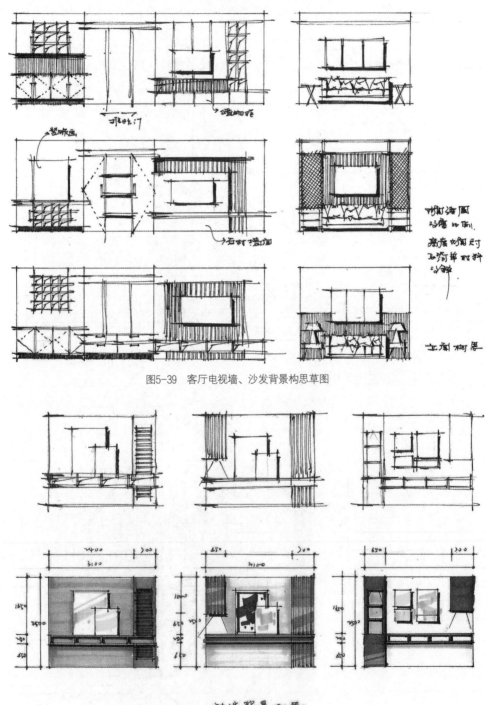

图5-39 客厅电视墙、沙发背景构思草图

图5-40 客厅沙发背景构思草图

5.2.16 客厅沙发背景轴侧分析（图5-41）

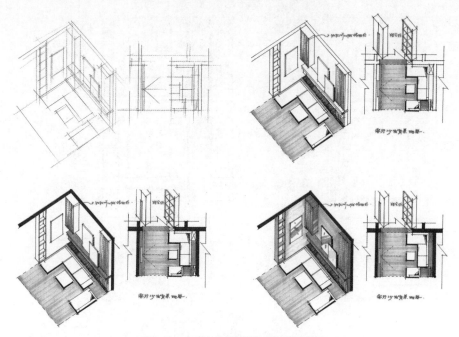

图5-41 客厅沙发背景设计构思轴测草图

5.2.17 主卫空间设计构思草图（图5-42）

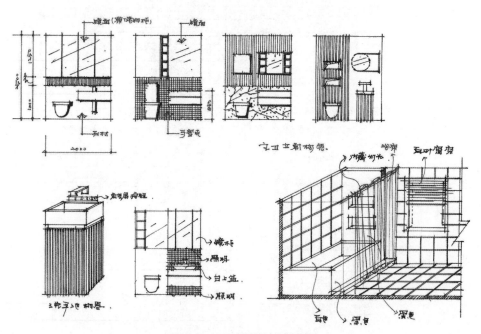

图5-42 主卫空间设计构思草图

5.2.18　主卧空间设计构思草图（图5-43）

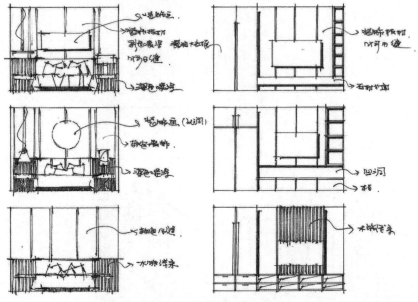

图5-43　主卧空间设计构思草图

5.2.19　工作室空间设计构思草图（图5-44）

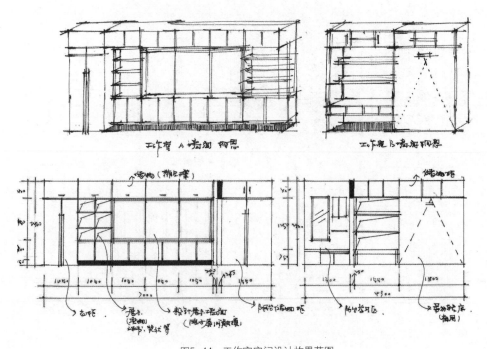

图5-44　工作室空间设计构思草图

5.2.20　中户型项目硬装SU模型结构示意（图5-45）

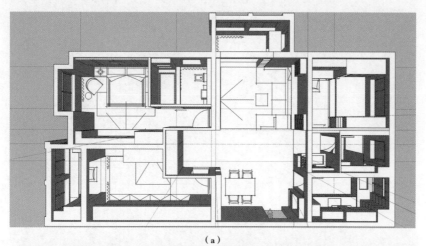

（a）

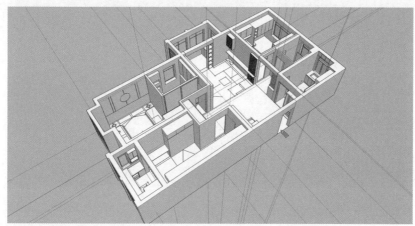

（b）

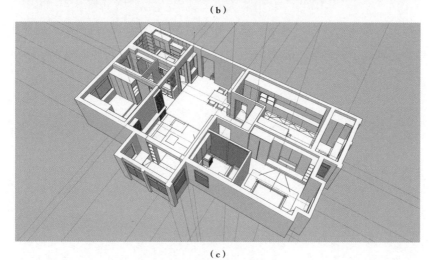

（c）

图5-45

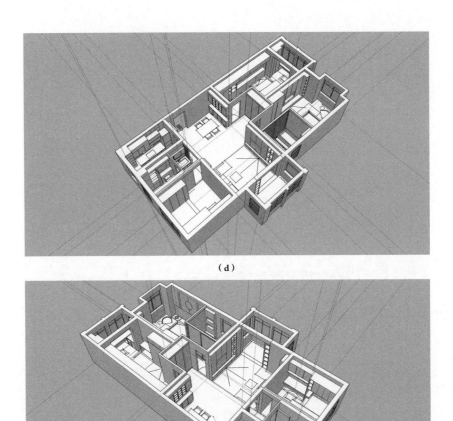

（d）

（e）

图5-45   中户型项目硬装SU模型结构示意图

注：由于篇幅的原因，关于居住空间项目案例方案的彩色效果表现不是本章
节需要阐述和展示的内容，本案例后续计算机效果彩图部分暂时省略。

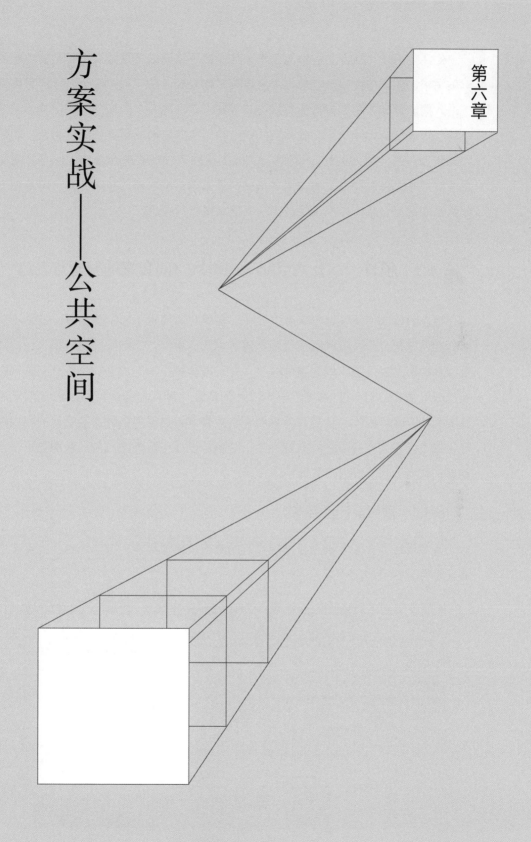

方案实战——公共空间

第六章

　　公共空间设计融合了科学与艺术，其设计思维模式不仅能满足复杂的功能和审美需求，还能培养以感性思维为主导模式的设计方法，通过综合多元的思维渠道进入概念设计、图形分析的思维方式贯穿于设计的每个阶段、对比优选的思维过程获得最终的设计结果。公共空间设计构思主要以解决环境空间的构造、功能和如何使用的问题为关键。"构思"实际上反映了设计者的综合能力水平。图解思考法能够充分调动视觉的作用，借助徒手草图启发思路，将设计概念与草图工作紧密联系在一起，并相互促进，从而发展出新的概念。

6.1　项目一：公共空间——餐饮空间套案的分析与表达

　　现在的餐饮空间设计越来越多元化，主题和风格也不断推陈出新。但是不管形式如何变化，作为设计师还是要把握其主要的骨架，即空间的功能模式。特别重要的是要关注人与空间环境的关系，并且须留意不同开放性的环境之间进行转换的设计思考。餐饮空间对于室内设计师来说，可以发挥的空间不应仅限于装饰层面的丰富可能性，还应该考虑到人在就餐休闲过程中各种体验活动的实现路径，这也是餐饮空间设计的有趣之处。甚至是设计中室外与室内关系的处理，也能对消费者的喜好程度产生影响。

6.1.1　项目设计任务书

　　室内设计师要了解该项目基础建筑的结构、平面环境、窗体结构、位置、层高、墙厚、柱子的大小等（图6-1）。

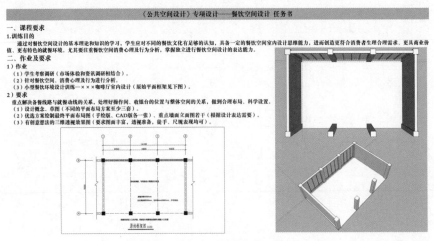

图6-1　设计任务书

6.1.2 平面布局规划草图

根据空间使用性质和设计要求，运用平面规划手法对项目平面框架进行基本的方案布局。项目平面布局方案分析草图的反复绘制，可以启动右脑创造性思维，迅速产生多种解决方案的构思，使得分析过程可以有效地转化为创造行为，从而推动创作过程中新思路的萌生，不断迸发并形成专业成就感，其结果的产生来自针对大量思路的优选优化。这些备选思路都源自针对目标项目的大量分析，并且都是原创。

（1）方案一：空间划分手法比较简单，采用水平、垂直分割法，入口在左侧，备有休息等候区，座椅形式有三人桌、卡座、沙发座席、两人座席、单人座席等（图6-2）。

（2）方案二：空间划分手法比较简单，主要采用水平、垂直、斜线分割法，开敞式入口在建筑中部，斜向进入，并设置有等候区，服务台布置在空间中心区域，兼顾为各个位置的顾客服务；采用环绕式道路，座席摆位采用周边式布局，形式有四人桌、C型卡座、两人座席、单人座席等（图6-3）。

（3）方案三：空间划分手法略复杂，主要采用水平、垂直、弧线分割法，入口在建筑中部，并且布置吧台式服务台，空间中心位放置钢琴，座椅周边式布局，有三人桌、C型沙发卡座、两人座席、单人座席等（图6-4）。

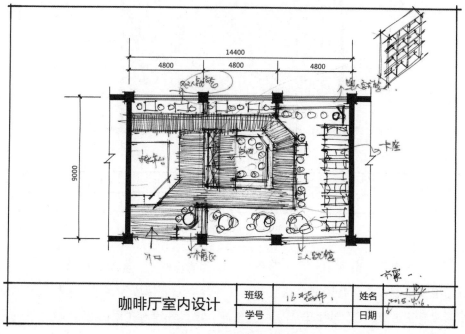

图6-2 平面布局规划草图1

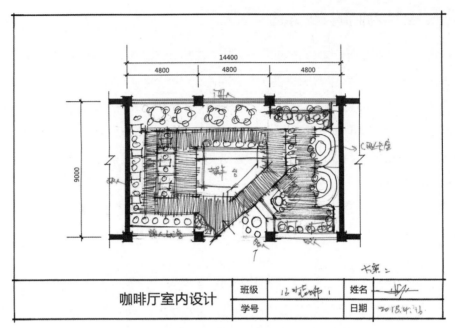

图6-3　平面布局规划草图2

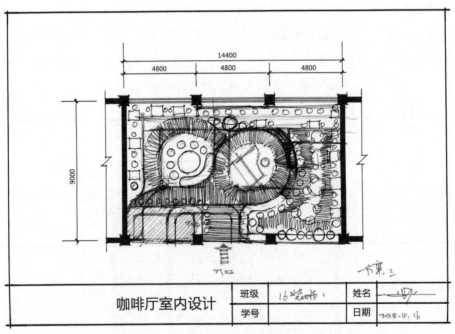

图6-4　平面布局规划草图3

（4）方案四：空间划分手法略复杂，主要采用水平、垂直、弧线分割法，入口在建筑左侧，并且布置吧台式服务区，建筑中心地带放置钢琴，座椅周边式布局形式有三人桌、C型沙发卡座、两人座席、单人座席等（图6-5）。

（5）方案五：空间划分手法略复杂，主要采用水平、垂直、斜线分割法，入口在建筑左侧，服务台在空间入口处并配有休息等候区，方便进店顾客和外带顾客，座椅形式有四人桌、三人桌、大C型沙发卡座、两人座席、单人座席等（图6-6）。

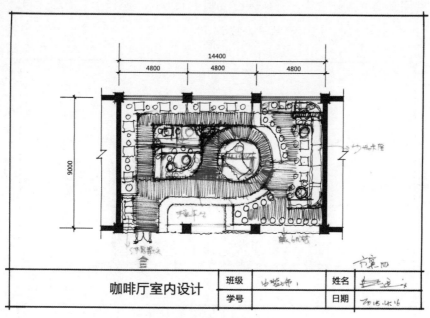

图6-5　平面布局规划草图4

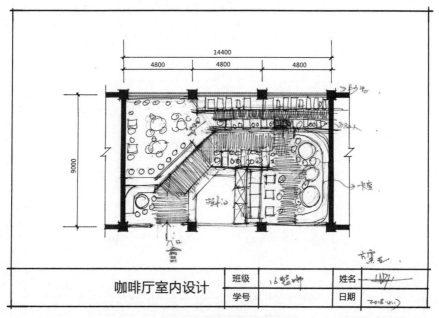

图6-6　平面布局规划草图5

（6）方案六：空间划分手法略复杂，主要采用水平、垂直、斜线、弧线分割法，入口在空间右侧且为开敞式，服务台在空间入口处并配有休息等候区，座椅形式有四人桌、三人桌、大C型沙发卡座、两人座席、单人座席等（图6-7）。

（7）方案七：空间划分手法略复杂，主要采用水平、垂直、弧线分割法，入口在空间左侧且为开敞式，服务区在空间中心地带，座椅形式有四人桌、三人桌、大C型沙发卡座、两人座席等（图6-8）。

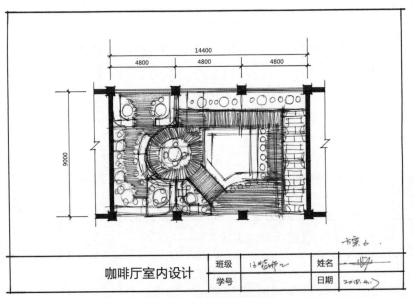

图6-7　平面布局规划草图6

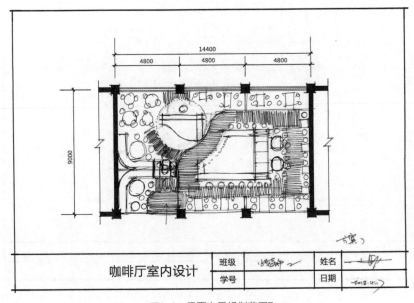

图6-8　平面布局规划草图7

（8）方案八：空间划分手法难度一般，主要采用水平、垂直、斜线分割法，入口在空间中心且为开敞式，服务台在空间中心地带并采用吧台式，方便照顾各个位置的顾客，座椅周边式布局形式有四人桌、三人桌、单人座席座、两人座席等（图6-9）。

（9）方案九（定稿）：空间划分手法难度一般，主要采用水平、垂直、弧线分割法，入口在空间中心，服务区在空间左侧，设计形式可以兼顾服务室内和室外顾客，空间功能区分三段式，座椅形式有四人桌、三人桌、单人座席座、两人座席、长沙发卡座等（图6-10）。

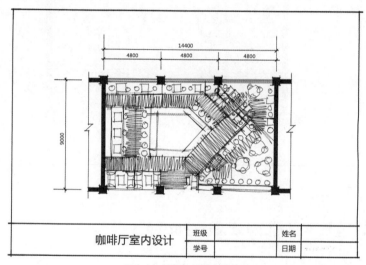

图6-9　平面布局规划草图8

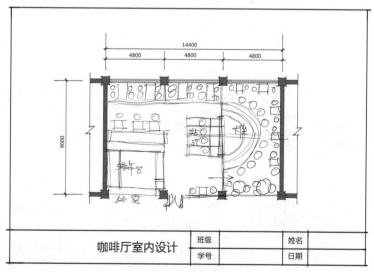

图6-10　定稿平面布局草图

6.1.3　定稿平面布局细化

针对定稿平面布局草图进行细致规划，综合考虑主通道、次通道尺寸，按照标准家具模块进行平面摆位，使平面布局设计方案更加严谨、规整（图6-11）。

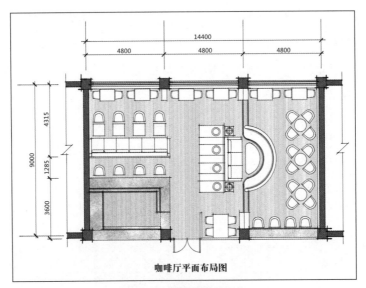

图6-11　定稿平面布局细化

6.1.4　定稿平面入口外观设计分析草图

根据定稿平面图出入口的位置及设计理念，设计构思外檐入口创意方案（图6-12）。

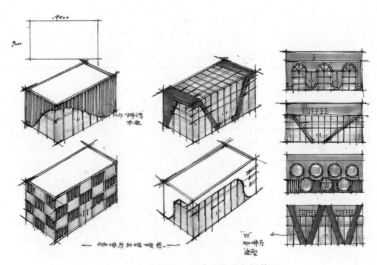

图6-12　定稿平面入口外观设计分析草图

6.1.5 定稿平面整体鸟瞰分析草图

由于平面布局已经定稿，接下来就要分析空间整体。此阶段可以绘制手绘鸟瞰草图，对空间界面及家具造型、结构、形式有一个整体的认知。草图形式不限，是否上色不限，只是绘制过程中设计师对平面规划完毕之后的空间有个立体认知，为下一阶段绘制透视图或立面结构分析打下基础（图6-13~图6-17）。

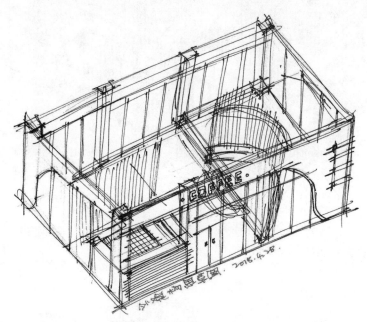

图6-13 定稿平面整体鸟瞰分析草图1

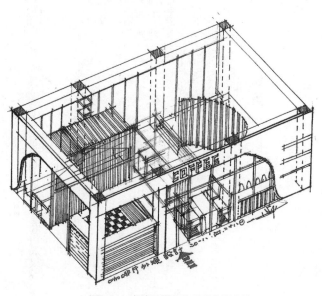

图6-14 定稿平面整体鸟瞰分析草图2

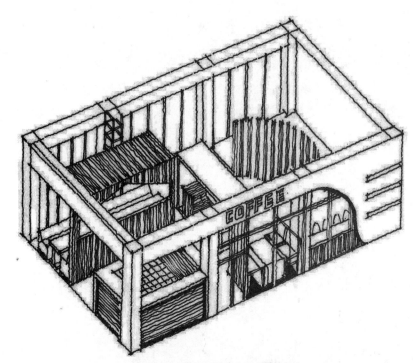

图6-15 定稿平面整体鸟瞰分析草图3

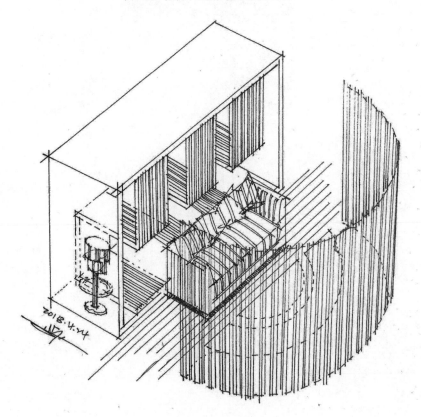

图6-16 定稿平面整体鸟瞰分析草图4

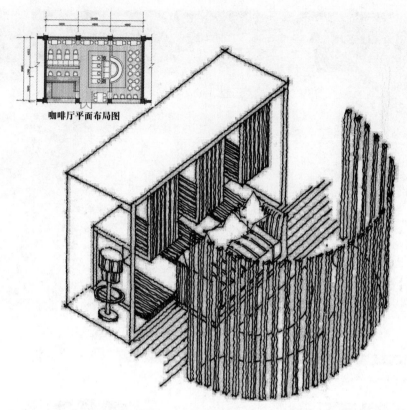

咖啡厅平面布局图

图6-17　定稿平面整体鸟瞰分析草图5

6.1.6　定稿平面透视分析

经过前面的各个阶段之后，可以根据最终平面布局图绘制空间人视手绘想法图。虽然只是简单的黑白线稿，但也基本能表达出设计师的空间风格想法、家具造型以及界面构思，为后续绘制彩色电脑效果图打下基础（图6-18~图6-21）。

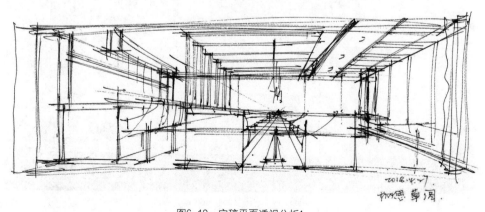

图6-18　定稿平面透视分析1

图6-19　定稿平面透视分析2

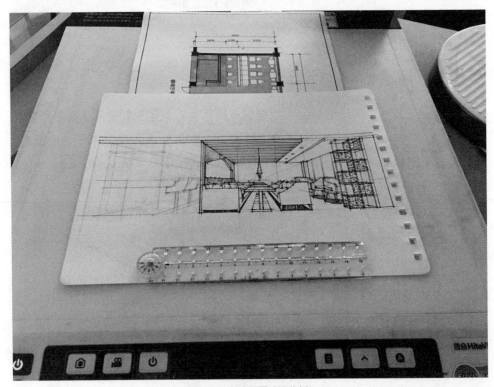

图6-20　定稿平面透视分析3

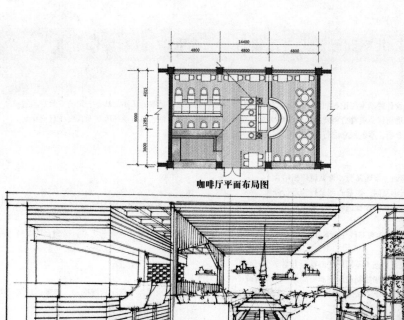

咖啡厅平面布局图

图6-21　定稿平面透视分析4

6.2　项目二：公共空间——商业展示空间套案的分析与表达

展示空间涉及场所、造型、色彩、多媒体、声光电等元素的综合运用。将所要展示的信息采用各种合适的手法传递给观众，无论是二维、三维、四维还是蒙太奇，都要考虑到观众对物质和精神的双重需求。展示空间与其他空间的区别就是其具有很强的流动性，人在展示空间中处于参观运动状态之中。

6.2.1　商业展示空间项目任务书

室内设计师要了解该项目基础建筑的结构、平面环境、窗体结构、位置、层高、墙厚、柱子的大小等（图6-22）。

6.2.2　平面规划构思草图

根据空间使用性质和设计要求，运用平面规划手法对项目平面框架进行基本的方案布局。

《公共空间设计》专项设计——商业空间设计 任务书

一、课程要求

1.训练目的

通过对商业空间设计的基本理论和知识的学习，学生应对不同的商业文化有足够的认知，具备一定的商业空间室内设计思维能力，进而创造更符合消费者生理合理需求、更具商业价值、更有特色的商业环境。尤其要注意商业空间消费心理及行为分析，掌握独立进行商业空间设计的表达能力。

2.作业及要求

1）作业

（1）学生考察调研（市场体验和资讯调研相结合）。

（2）针对商业展示空间、消费心理及行为进行分析。

（3）小型商业展示环境设计训练—住宅室内家具展示环境室内设计（原始平面框架见下图）。

2）要求

重点解决家具摆放和参观路线之间的关系，处理好收银台、小区域展厅的位置与整体空间的关系，做到合理布局、科学设置。

（1）平面布局规划草图（不同的平面布局方案至少三套）。

（2）优选平面方案精细绘制最终平面布局图（手绘版或CAD版均可）。

（3）有创意想法的细致三维透视效果图（人视两张或者全景俯视一张，要求图面丰富，透视准确，徒手、尺规表现均可）。

（4）A4幅大小装订。

3.时间要求

18字时+课余时间。

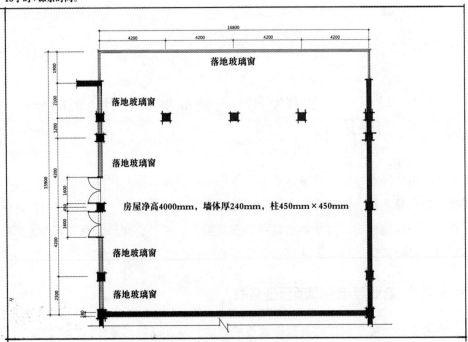

图6-22　商业展示空间项目任务书

（1）方案一：空间划分手法比较简单，采用水平、垂直分割法，入口大门为原建筑大门，中规中矩的平面布局，空间面积不浪费，利用率高，动线清晰（图6-23）。

（2）方案二：空间划分手法比较简单，采用水平、垂直、斜线分割法，入口大门为原建筑大门，入口设计接待台，斜向布局，有一定的动线导向。动线清晰，局部区域面积较浪费（图6-24）。

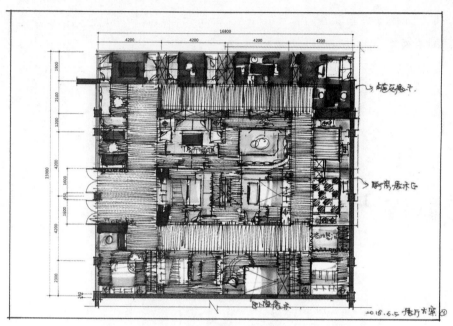

图6-23　平面规划构思草图1

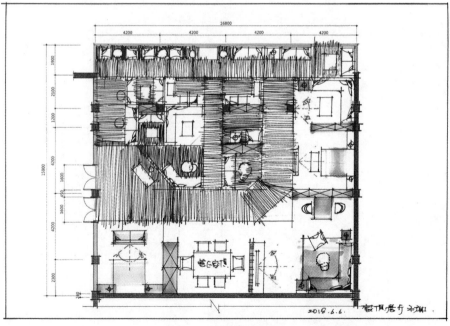

图6-24　平面规划构思草图2

6.2.3　优选平面布局方案

　　家具展厅平面布局应以观者的动线进行布局思考，由于展品单体和展品组群的特点，不易进行"夸张"的规划布局。优选定稿平面布局方案采用组群式布局，以一条主通道串联各个家具组群，方正的布局，方便观者参观，也方便经营者随时更换展品（图6-25）。

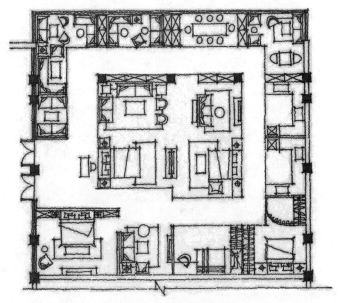

图6-25　优选平面布局方案

6.2.4　优选平面局部轴测分析（图6-26）

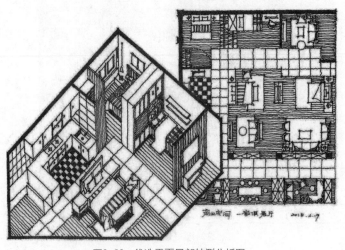

图6-26　优选平面局部轴测分析图

6.2.5　优选平面一点透视分析（图6-27、图6-28）

图6-27　优选平面一点透视分析（方案一）

图6-28　优选平面一点透视分析（方案二）

6.2.6　优选平面两点透视分析（图6-29）

图6-29　优选平面两点透视分析

6.2.7　优选平面整体轴测分析绘图过程（图6-30~图6-32）

图6-30　优选平面整体轴测分析绘图过程1

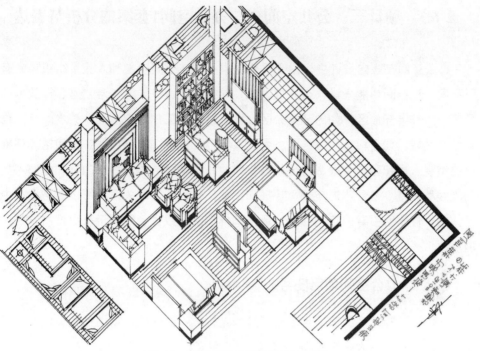

图6-31　优选平面整体轴测分析绘图过程2

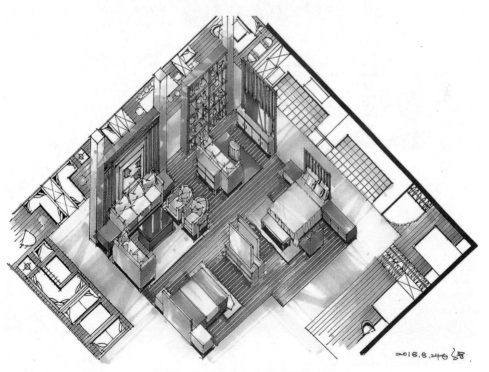

图6-32　优选平面整体轴测分析绘图过程3

6.3 项目三：公共空间——办公空间1套案的分析与表达

办公空间在室内设计中，由于机构规模不同，空间功能和人流量组织也会有所不同。从空间功能来讲，有开放区域，如接待区、等候区、洽谈室、开放办公区等；也有半开放区，如内部办公区、会议区、员工休息交流区、茶水间等；也有私密区域，如资料室、财务室、管理人员办公室等。主要流线方面包括外部接待的参观人员和客户流线、内部职员流线、高级管理层的流线，内部和外部人员的流线尽量减少重合。这与公司规模和企业文化有一定的关系，所以要把握住由具体功能性质所引导的空间秩序、风格和样式的一致性，并展示出良好的办公环境形象。

6.3.1 办公空间项目任务书

室内设计师要了解该项目基础建筑的结构、平面环境、窗体结构、位置、层高、墙厚、柱子的大小等（图6-33）。

《公共空间设计》专项设计——办公空间设计 任务书

一、课程要求

1.训练目的

通过对办公空间设计的基本理论和知识的学习，学生应对不同的办公文化有足够的认知，具备一定的办公空间室内设计思维能力，进而创造更符合使用者生理和心理需求、更具商业价值、更有职业特色的办公环境。尤其要注重办公空间创意表现及使用行为分析，掌握独立进行办公空间设计的表达能力。

2.作业及要求

1）作业

（1）学生考察调研（市场体验和资讯调研相结合）。

（2）针对办公空间平面创意规划、空间动线分析及现代办公需求进行分析。

（3）完成一小型设计类（室内、建筑、景观、广告）公司办公环境设计（原始平面框架见小图）。

2）要求

重点解决部门人员之间互动、工作协调的关系，处理好接待区、会议室、经理室及开放办公区的位置与整体空间的关系，做到合理布局、科学设置。

（1）设计概念、草图（不同的平面布局方案至少三套）。

（2）优选方案绘制最终平面布局图（手绘版、CAD版各一张）、PS地面铺装一张、重点墙面立面图若干（手绘、计算机均可）。

（3）有创意想法的手绘透视效果图（人视或俯视），要求图面丰富，透视准确，徒手、尺规表现均可。

（4）电脑三维鸟瞰模型（待定）。

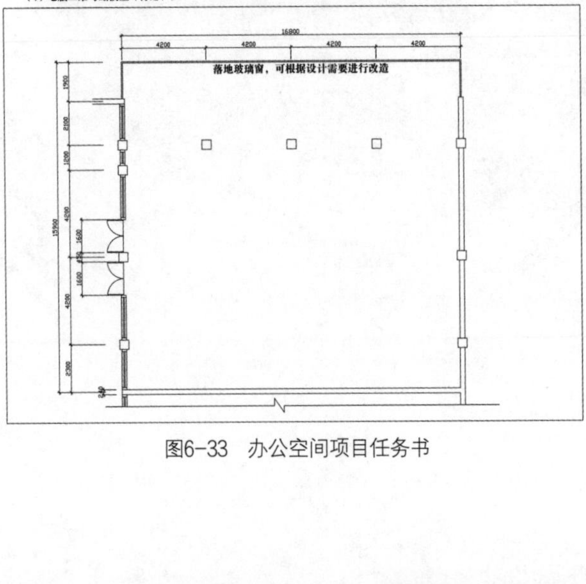

图6-33 办公空间项目任务书

6.3.2 平面布局规划构思草图

根据空间使用性质和设计要求，运用平面规划手法对项目平面框架进行基本的方案布局。

（1）方案一：空间划分手法较复杂，采用水平、垂直、弧线相结合的分割法，入口大门为原建筑大门，平面布局有一定的创意，空间面积不浪费，利用率高，动线清晰，功能区完整（图6-34）。

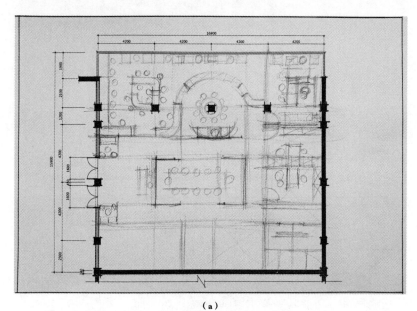

（a）

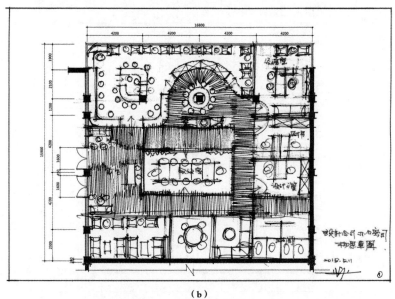

（b）

图6-34 平面布局规划构思草图1

（2）方案二：空间划分手法较复杂，采用水平、垂直、斜线相结合的分割法，入口大门为原建筑大门，平面布局有一定的创意，空间面积较浪费，利用率一般，动线略复杂，功能区完整（图6-35）。

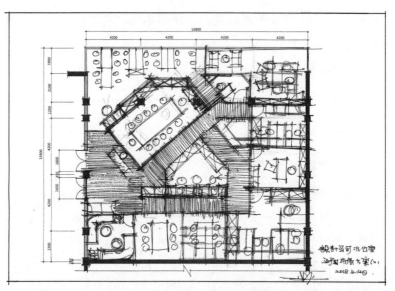

图6-35 平面布局规划构思草图2

（3）方案三：空间划分手法较复杂，采用水平、垂直、斜线相结合的分割法，入口大门为原建筑大门，平面布局有一定的创意，空间面积较浪费，利用率一般，动线略复杂，功能区完整（图6-36）。

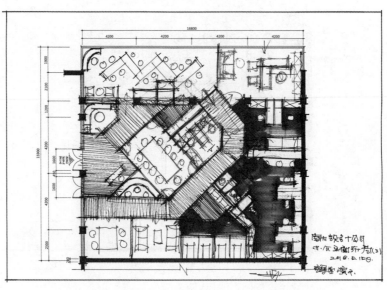

（a）

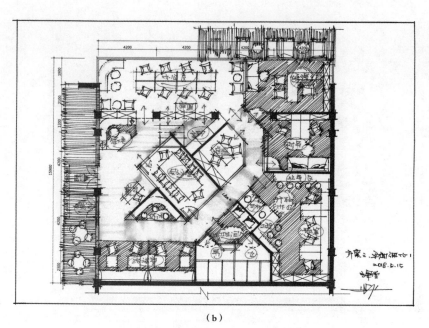

（b）

图6-36 平面布局规划构思草图3

（4）方案四：空间划分手法较复杂，采用垂直、弧线相结合的分割法，入口大门为原建筑大门，平面布局创意、个性，空间面积较浪费，利用率一般，动线略复杂，功能区完整（图6-37）。

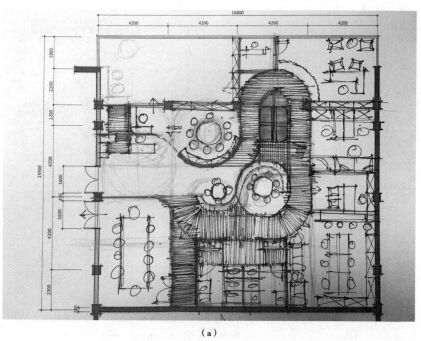

（a）

图6-37

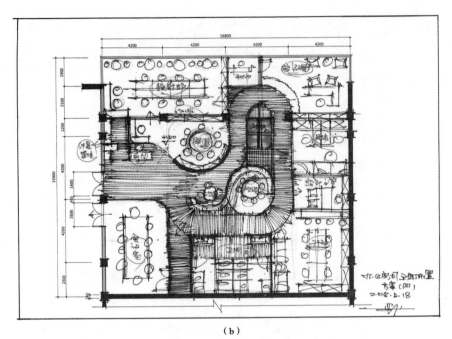

（b）

图6-37　平面布局规划构思草图4

（5）方案五：空间划分手法较复杂，采用水平、垂直、斜线相结合的分割法，入口大门为原建筑大门，平面布局创意、个性，空间面积较浪费，利用率一般，动线略复杂，功能区完整（图6-38）。

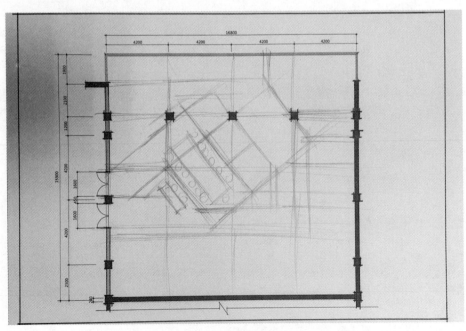

（a）

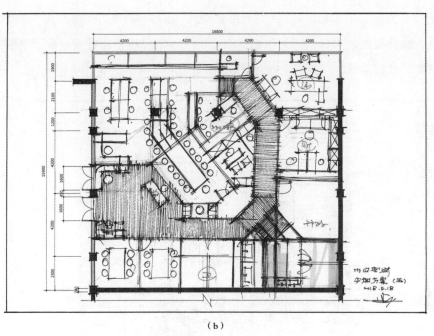

（b）

图6-38 平面布局规划构思草图5

（6）方案六：空间划分手法较简单，采用水平、垂直相结合的分割法，入口大门为原建筑大门，平面布局简单、规整，空间面积不浪费，利用率高，动线清晰，功能区完整（图6-39）。

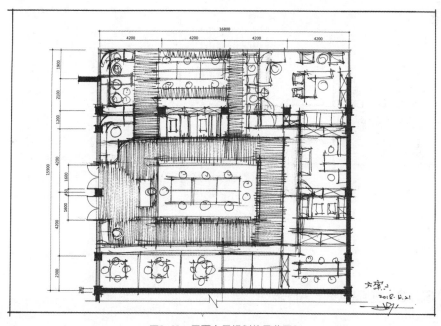

图6-39 平面布局规划构思草图6

（7）方案七（定稿）：空间划分手法难度一般，采用水平、垂直、局部弧线相结合的分割法，入口大门为原建筑大门，平面布局规整，空间面积不浪费，利用率高，动线清晰，功能区完整（图6-40）。

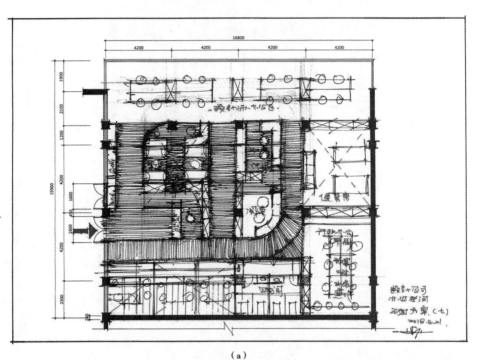

（a）

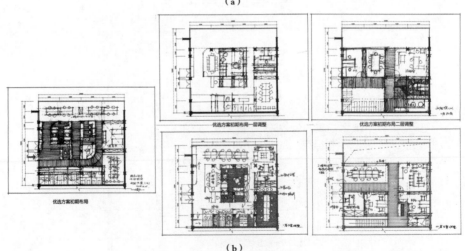

（b）

图6-40　定稿平面布局规划构思草图7

6.3.3　定稿平面CAD表现

根据规划草图，运用AutoCAD软件绘制标准，规整设计图纸，在绘制过程中参考设计草图，局部微调（图6-41、图6-42）。

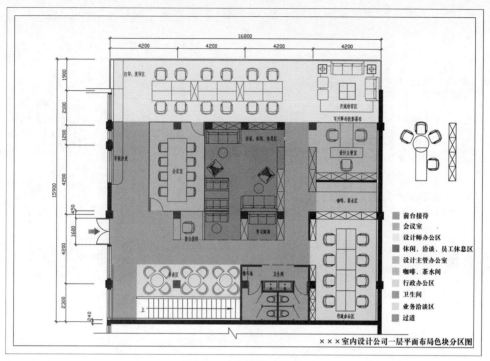

图6-41 定稿平面CAD表现1

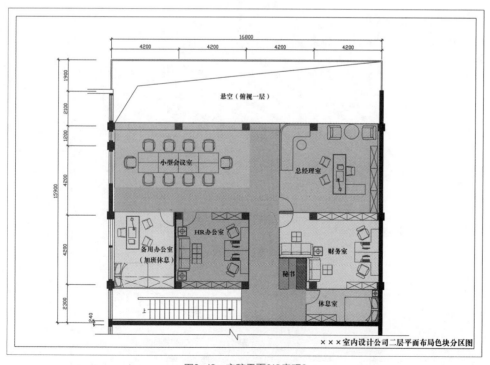

图6-42 定稿平面CAD表现2

6.3.4　定稿平面透视表现

根据定稿平面布局图中的设计重点绘制透视表现图（图6-43~图6-46）。

图6-43　一层阅读休闲区一点透视方案展示

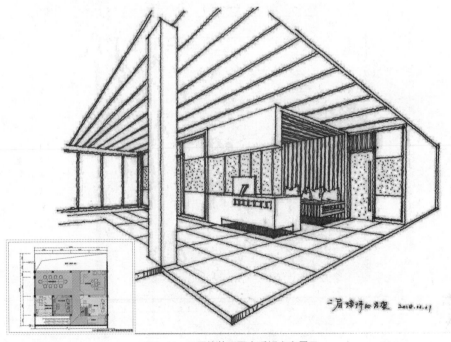

图6-44　二层接待区两点透视方案展示

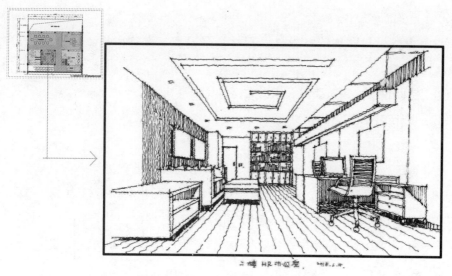

图6-45　二层人力资源办公室方案展示

图6-46　二层总经理办公室一点透视方案展示

6.4　项目四：公共空间——办公空间2套案的分析与表达

6.4.1　本案设计基本信息

（1）设计主题：简洁时尚。

（2）建筑面积：650m²。

（3）主要材料：玻璃、木材、石材、混凝土、装饰木板、石膏板、实木地板。

（4）空间性质：建筑装饰公司办公空间（公装）。

（5）设计范围：

①空间设计方向为"办公空间设计"。

②装饰工程包括室内地面、墙面、吊顶及后期家具配饰。

（6）平面布置：平面功能布置以空间功能的实用性和功能性为主。平面布置主要区域：设计部；工程部；水电部；预算部；管理部；财务室；总经理办公室；副总经理办公室；接待室；会议厅；洽谈室；材料库；厨房；库房。

（7）防火要求：

①根据国家相关条例要求，在本装饰工程设计中主要采用阻燃性材料和难燃性材料。

②所有隐蔽木结构部分表面（包括木龙骨、基层板双面）必须涂刷防火漆两遍。

6.4.2　设计说明

本案设计理念：以满足功能需求为主，实用性强。结合该公司的企业文化，在尊重设计原则的基础上采用现代设计手法，运用现代的装饰材料和先进的施工工艺进行设计。该空间分隔手法大面积为敞开式办公，局部采用间隔式办公。敞开式办公区域主要有工程部、设计部、水电部、预算部、管理部、会议区等。间隔式办公区域主要有总经理办公室、副总经理办公室、财务室、接待室、洽谈室等。之所以大面积采用敞开式的办公空间设计手法，主要因为开敞的办公空间可以更大限度地提供给大家商务共享空间。在倡导交流沟通的基础上提高工作效率，将工作融入休闲中。此外，这种敞开式办公室节省了很多空间，同时装修、供电、信息线路、空调等设施容易安装，相应费用有所降低。这样的布局，还便于工作台之间的联系和相互监督。

办公空间是为了办公而设计的。办公空间的装饰与布置，是本着塑造和宣传企业形象的原则，为使用者设计出一套实用大方而又独特个性的设计方案，使工作达到最高效率。本案设计公司所属为建筑装饰公司。因建筑装饰公司具有较强的专业性，其装饰格调、家具布置与设施配备都应有新意，能够给顾客信心，也能够充分体现自己的专业特点。

　　设计思维过程，首先应从整体环境的主导色出发。想到设计公司就想到了艺术创意，这是一个感性宣传的办公机构，其空间色彩运用往往纯度较高，而且明亮夺目。空间的划分有时是借用独特的造型来实现的，从而形成不规则的活动流线。界面、家具以及灯具的颜色与造型组合经常是前卫、大胆、个性十足，使其能够充分传达出活跃的行业性格。本案选取红色为主导色，咖啡色和白色为点缀。

6.4.3　设计特色

　　整个空间采用开敞式吊顶，风管等建筑结构体全部裸露。没有做吊顶的原因是考虑到办公空间的平面往往都布满设备和家具，为了减少环境的凌乱，做出设计对比，产生设计层次。

　　（1）设计部：在装饰公司的地位是凸显的，所以设计部门的办公桌全部采用混凝土制作，展现最唯美的原始形态。混凝土代表着稳固和永恒，也代表着一种精神和文化底蕴。创意书架用途多，上有吊杆固定，下有装饰灯具支撑。既有局部照明点缀，又有镂空花纹装饰，还可以存放一些设计图纸和书籍。左侧还有一处休闲区，悬挂的计算机供人们休闲使用，造型新颖。两侧为磨砂玻璃搭配镂空花纹，既开敞又隐蔽。灯具造型新颖独特，红色胶囊状灯具上半部分为红色，下半部分为透明玻璃制作，一串串红色把设计部点缀得更加有活力。

　　（2）工程部区域：这部分区域设计采用的手法为一体化设计，由三组艳丽红色折线造型贯穿。这一组造型不是纯装饰，它有很多实用功能，白色造型灯，补充局部光源；白色书架，可以随手存放一些书籍及其他杂物，书架外立面还可以贴一些便利贴，很方便。造型结构也很牢固，下有螺丝固定，上有吊筋悬吊，造型的尺度也符合人体功能和使用习惯。这样一组组造型活泼奇特的家具，功能性强、实用性强、装饰性强，会使人感觉十分新颖，充满活力。

　　（3）预算部区域和管理区域：面积较大，所以办公桌以半弧形排列，以此来活跃空间和增加新鲜感。当然，这样摆放家具的设计手法，首先要以通道方便安全为前提，同时这样的家具摆放设计在整个空间看来，使整体环境也很协调。

　　（4）入口处：会议桌桌体的1/3从玻璃隔墙由内向外穿出，里面的会议椅子与外面的椅子不同，外面的椅子更具有现代气息。穿出的1/3会议桌同样能够使用，既可以作为美观的装饰置放在那个角落，还可以作为等候、休息的区域。正门为玻璃自动门，整个门体外轮廓以弧形为主，恰到入口门洞向内凹，不仅造型美观，还有欢迎来客之意。入口左侧为休闲座椅，同样采用一体化设计手法，墙顶面都是贯穿处理的。距地面450mm高处为座椅。顶棚交接处、地面交接处都分别采用冷色调灯带处理。这个整体造型不是全封闭的，隐约可以看见公司内部，以咖啡色和白色的木隔断为主材。

（5）接待处：设计手法和入口是相呼应的。同样是有力度的直线造型倾斜化，颜色以红白搭配为主，内部座椅也是红白相间。正对入口的隔断后有一层玻璃处理，从腰间至视线处采用磨砂玻璃处理，呈现既隐秘又通透的视觉效果。无论是折线造型、红色元素还是有力度的直线处理手法，都在这个办公空间装饰中体现出了尤为重要的一点——形态韵律感。办公室装饰以功能形态为主，通过由工程部的红色折线造型、接待室的红白相间隔断以及入口处的弧形装饰隔断等局部富于韵律感的造型，塑造了一个美好的办公空间。

6.4.4 设计过程

（1）原土建平面图（图6-47）。

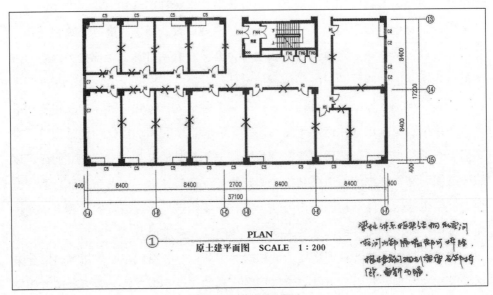

图6-47 原土建平面图

（2）方案1平面规划过程（图6-48~图6-50）。

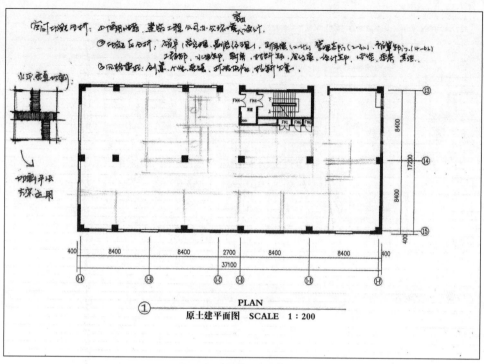

图6-48　方案1平面规划过程1

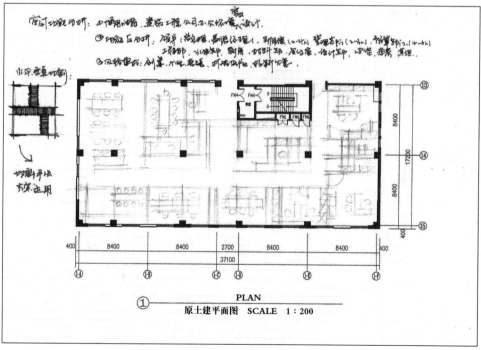

图6-49　方案1平面规划过程2

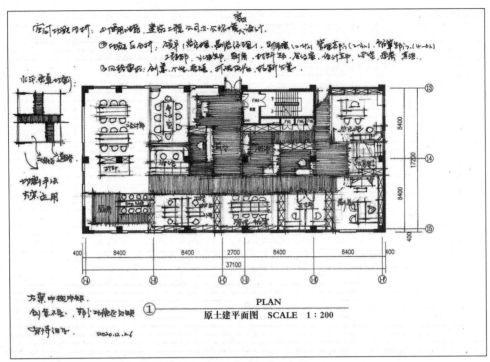

图6-50 方案1平面规划过程3

（3）方案2平面规划过程（图6-51~图6-53）。

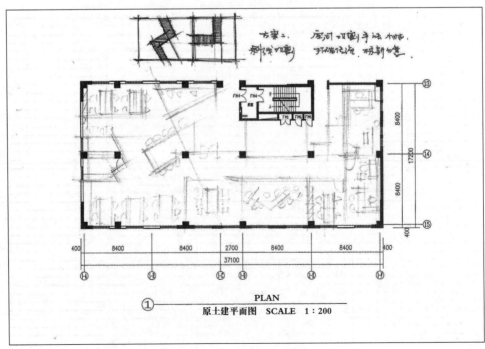

图6-51 方案2平面规划过程1

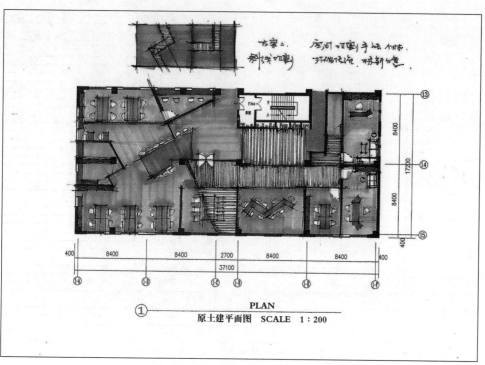

图6-52　方案2平面规划过程2

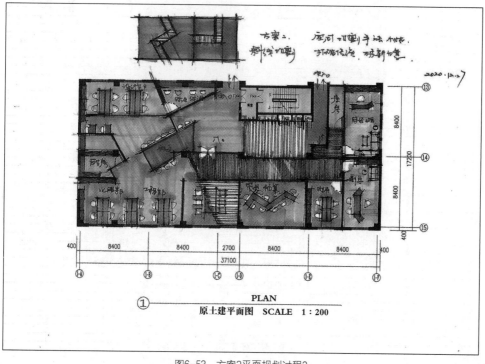

图6-53　方案2平面规划过程3

（4）方案3平面规划过程（图6-54~图6-56）。

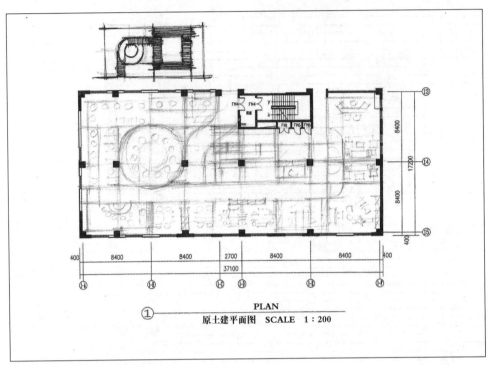

图6-54　方案3平面规划过程1

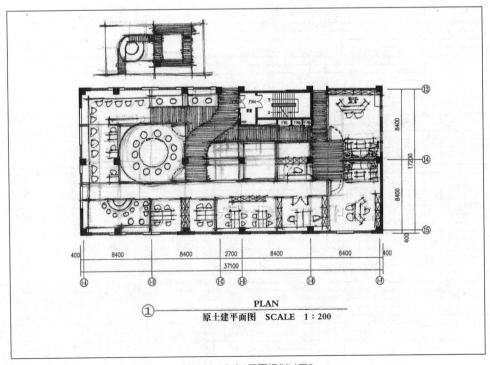

图6-55　方案3平面规划过程2

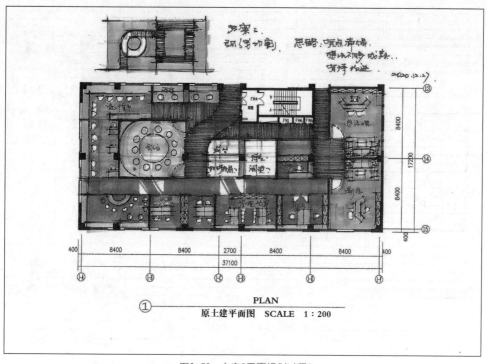

图6-56 方案3平面规划过程3

（5）项目设计方案CAD综合展示（图6-57~图6-67）。

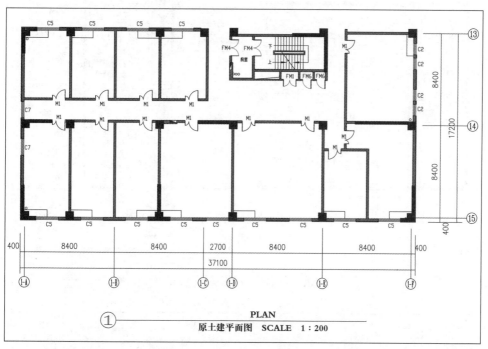

图6-57 原土建平面图

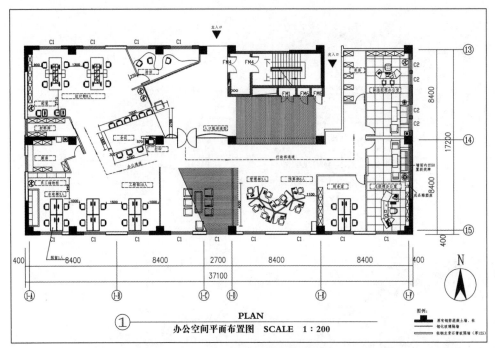

图6-58 办公空间平面布置图

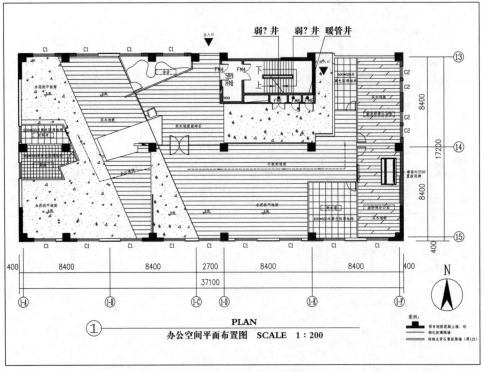

图6-59 办公空间地面铺装图

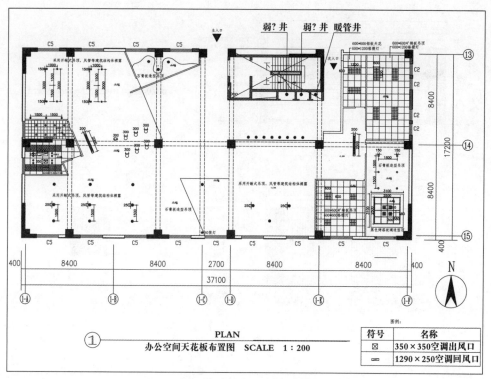

图6-60 办公空间天花板平面图

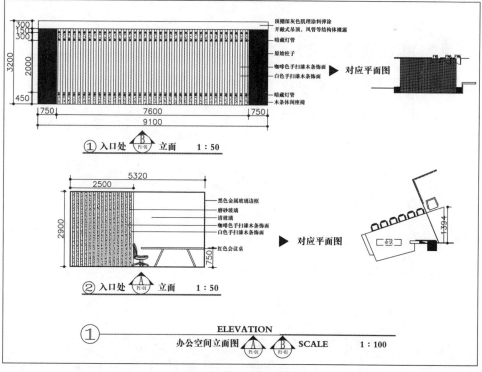

图6-61 办公空间立面图1

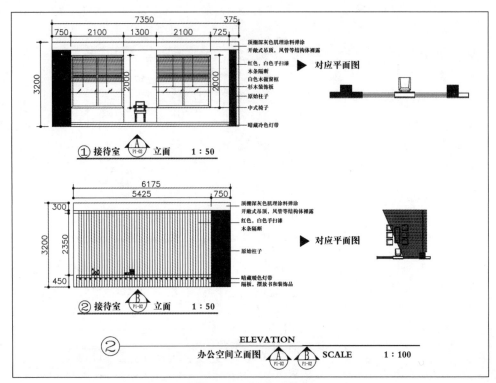

图6-62 办公空间立面图2

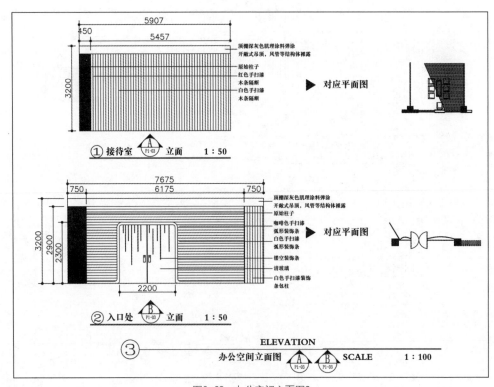

图6-63 办公空间立面图3

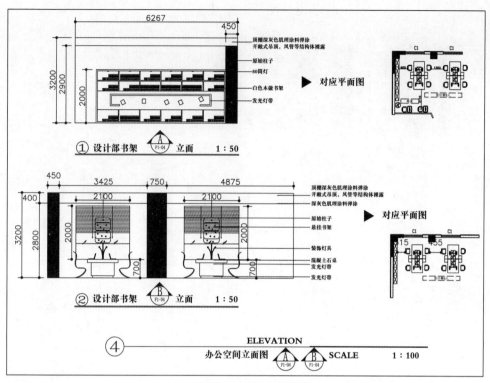

图6-64　办公空间立面图4

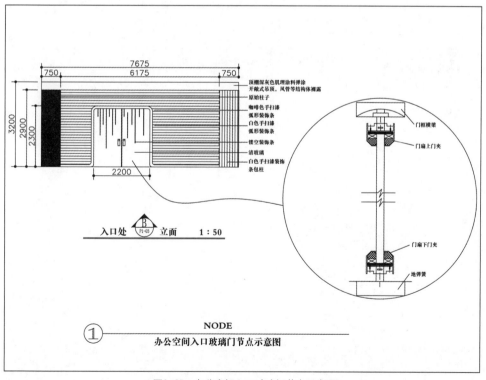

图6-65　办公空间入口玻璃门节点示意图

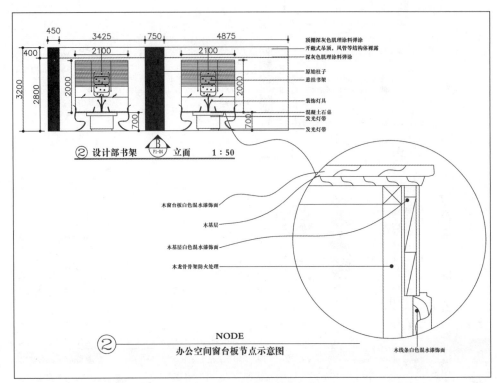

图6-66　办公空间窗台板节点示意图

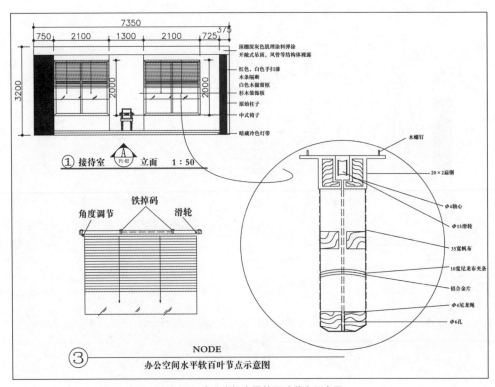

图6-67　办公空间水平软百叶节点示意图

（6）项目设计方案鸟瞰白模表现（图6-68~图6-70）。

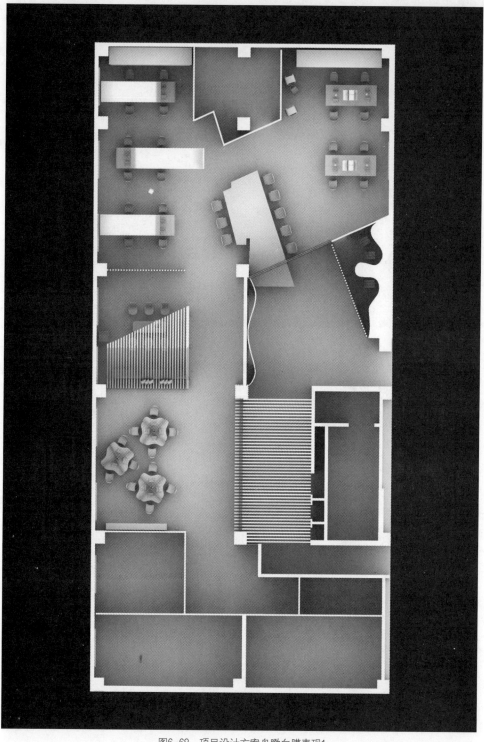

图6-68　项目设计方案鸟瞰白膜表现1

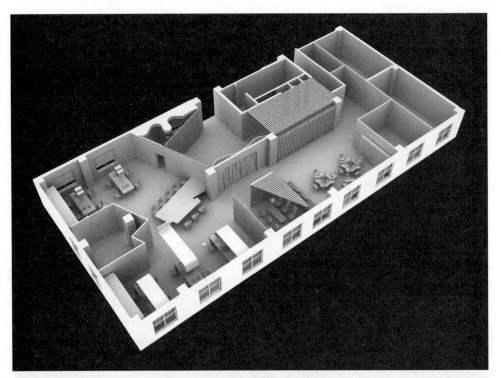

图6-69　项目设计方案鸟瞰白膜表现2

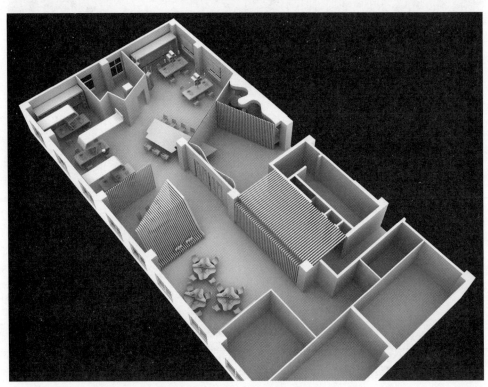

图6-70　项目设计方案鸟瞰白膜表现3

（7）项目设计方案透视效果表现（图6-71~图6-76）。

图6-71　办公空间入口透视效果图

图6-72　洽谈区透视效果图

图6-73 设计部透视效果图

图6-74 工程部透视效果图

图6-75 管理部透视效果图

图6-76 接待室透视效果图

（8）项目设计方案综合展板（图6-77）。

图6-77　项目设计方案综合展板